Sustentabilidade

Dados Internacionais de Catalogação na Publicação (CIP)
(Câmara Brasileira do Livro, SP, Brasil)

Boff, Leonardo
　Sustentabilidade : o que é : o que não é /
Leonardo Boff. 5. ed. revista e ampliada – Petrópolis, RJ :
Vozes, 2016.

6ª reimpressão, 2024.

ISBN 978-85-326-4298-1
1. Desenvolvimento sustentável 2. Ecologia
3. Economia mundial 4. Meio ambiente 5. Mudança social
6. Problemas sociais I. Título.

11-13787 　　　　　　　　　　　　　　　　　　CDD-333.7

Índices para catálogo sistemático:
　1. Desenvolvimento sustentável : Economia ambiental
333.7

Leonardo Boff

Sustentabilidade
O que é – O que não é

EDITORA
VOZES

Petrópolis

© by Animus/Anima Produções Ltda.
Caixa Postal 92.144 – Itaipava
25741-970 Petrópolis, RJ
www.leonardoboff.com

Direitos de publicação em língua portuguesa:
2012, 2016, Editora Vozes Ltda.
Rua Frei Luís, 100
25689-900 Petrópolis, RJ
www.vozes.com.br
Brasil

Todos os direitos reservados. Nenhuma parte desta obra poderá ser reproduzida ou transmitida por qualquer forma e/ou quaisquer meios (eletrônico ou mecânico, incluindo fotocópia e gravação) ou arquivada em qualquer sistema ou banco de dados sem permissão escrita da editora.

CONSELHO EDITORIAL

Diretor
Volney J. Berkenbrock

Editores
Aline dos Santos Carneiro
Edrian Josué Pasini
Marilac Loraine Oleniki
Welder Lancieri Marchini

Conselheiros
Elói Dionísio Piva
Francisco Morás
Gilberto Gonçalves Garcia
Ludovico Garmus
Teobaldo Heidemann

PRODUÇÃO EDITORIAL

Aline L.R. de Barros
Marcelo Telles
Mirela de Oliveira
Otaviano M. Cunha
Rafael de Oliveira
Samuel Rezende
Vanessa Luz
Verônica M. Guedes

Conselho de projetos editoriais
Luísa Ramos M. Lorenzi
Natália França
Priscilla A.F. Alves

Secretário executivo
Leonardo A.R.T. dos Santos

Editoração: Fernando Sergio Olivetti da Rocha
Diagramação: Sheilandre Desenv. Gráfico
Revisão gráfica: Nilton Braz da Rocha e Nivaldo S. Menezes
Capa: Adriana Miranda

ISBN 978-85-326-4298-1

Este livro foi composto e impresso pela Editora Vozes Ltda.

Dedico este livro aos idealizadores do Projeto Cultivando Água Boa da Hidrelétrica Itaipu Binacional, em Foz do Iguaçu, Paraná, Jorge Samek e Nelton Friedrich, com suas respectivas equipes, e aos parceiros dos 29 municípios da grande represa por mostrarem ser ainda possível um desenvolvimento humano realmente sustentável.

Sumário

Prefácio, 9

1 Sustentabilidade: questão de vida ou morte, 13

2 As origens do conceito de sustentabilidade, 33

3 Modelos atuais de sustentabilidade e sua crítica, 41

4 Causas da insustentabilidade da atual ordem ecológico-social, 71

5 Pressupostos cosmológicos e antropológicos para um conceito integrador de sustentabilidade, 83

6 Rumo a uma definição integradora de sustentabilidade, 105

7 Sustentabilidade e universo, 121

8 Sustentabilidade e a Terra viva, 125

9 Sustentabilidade e sociedade, 135

10 Sustentabilidade e desenvolvimento, 141

11 "Cultivando Água Boa": exemplo de sustentabilidade, 157

12 Sustentabilidade e educação, 171

13 Sustentabilidade e indivíduo, 179

Conclusão – Um chamado à cooperação e à esperança, 189

Anexo, 191

    1 Carta da Terra, 191

    2 Dicas de sustentabilidade ecológica, 203

Recomendação de leituras, 209

Índice, 213

Livros de Leonardo Boff, 217

Prefácio

Há poucas palavras mais usadas hoje do que o substantivo sustentabilidade e o adjetivo sustentável. Pelos governos, pelas empresas, pela diplomacia e pelos meios de comunicação. É uma etiqueta que se procura colar nos produtos e nos processos de sua confecção para agregar-lhes valor.

Não se pode negar que em algumas regiões se logrou implantar uma lógica sustentável nos processos de produção, na agroecologia, na geração de energias alternativas, no reflorestamento, no tratamento de material reciclável e nos sumidouros de dejetos, na forma de morar e de organizar os transportes. São experimentos regionais de valor, mas essa não é a dinâmica global necessária, face à geral degradação do planeta, da natureza e da escassez de recursos. São ilhas no meio de um mar encapelado pelas muitas crises.

O que frequentemente ocorre é certa falsidade ecológica ao se usar a palavra sustentabilidade para ocultar problemas de agressão à natureza, de contaminação química dos alimentos e de *marketing* comercial apenas para vender e lucrar. A maioria daquilo que vem anunciado como sustentável geralmente não o é. Pelo menos em algum estágio do ciclo de vida de um produto aparece o elemento perturbador das toxinas ou dos resíduos não degradáveis. O que se pratica com mais frequência é o *greenwash* ("pintar de verde" para iludir o consumidor que busca produtos não quimicalizados). Por isso impõe-se senso crítico e uma compreensão mais apurada para saber o que é sustentabilidade e o que não é. Este é o objetivo do presente escrito.

Vigora uma percepção generalizada de que assim como o estado da Terra se encontra não pode continuar. Praticamente a maioria dos itens importantes para a vida (água, ar, solo, biodiversidade, florestas, energia etc.) está em acelerado processo de degradação. A economia, a política, a cultura e a globalização seguem um curso que não pode ser considerado sustentável pelos níveis de pilhagem de recursos naturais, de geração de desigualdades e de conflitos intertribais e outros esgarçamentos sociais que produzem. Temos que mudar. Caso contrário, poderemos ser assolados por situações de grande dramaticidade, a ponto de pôr em risco o futuro de nossa espécie e de danificar gravemente o equilíbrio da Terra.

O pior que podemos fazer é não fazer nada e deixar que as coisas prolonguem seu curso perigoso. As transformações necessárias devem apontar para um outro paradigma de relação para com a Terra e a natureza, bem como para a invenção de modos de produção e consumo mais benignos. Isso implica inaugurar um novo patamar de civilização, mais amante da vida, mais ecoamigável e mais respeitoso dos ritmos, das capacidades e dos limites da natureza. Não dispomos de muito tempo para agir nem de muita sabedoria e vontade de articulação entre todos para enfrentar o risco comum.

Mais do que outrora, caberia usar, com propriedade, a palavra *revolução*, não no sentido da violência armada, mas no sentido analítico de mudança radical do rumo da história para permitir a sobrevivência da espécie humana, de outros seres vivos e da preservação do Planeta Terra.

É neste contexto de urgência que formulamos nossas reflexões sobre a sustentabilidade. São apenas iniciais, sem a pretensão de serem conclusivas, mas podem, quiçá, animar a discussão e mobilizar muitos para apagar o fogo que está consumindo a Casa Comum.

Como tudo se globaliza, a sustentabilidade, mais que qualquer outro valor, deve ser também globalizada. Se olharmos o futuro da humanidade e da Mãe Terra pelos olhos de nossos filhos e netos sentiremos, imediatamente, a necessidade de nos preocuparmos com a sustentabilidade e de criar meios de implementá-la em todos os campos da realidade.

L.B.

Petrópolis, 15 de novembro de 2011.

1

Sustentabilidade: questão de vida ou morte

A Carta da Terra, um dos documentos mais inspiradores dos inícios do século XXI, nasceu de uma consulta feita durante oito anos (1992-2000) entre milhares de pessoas de muitos países, culturas, povos, instituições, religiões, universidades, cientistas, sábios e remanescentes das culturas originárias. Ela representa um chamado sério acerca dos riscos que pesam sobre a humanidade. Ao mesmo tempo enuncia, cheia de esperança, valores e princípios a serem compartilhados por todos, capazes de abrir um novo futuro para a nossa convivência neste pequeno e ameaçado planeta.

O texto, breve, denso, facilmente compreensível, de cuja redação tive a honra de participar junto com Michail Gorbachev, Steven Rockfeller, Maurice Strong, Mercedes Sosa, entre outros, abre com uma frase grave:

> Estamos diante de um momento crítico da história da Terra, numa época em que a humanidade deve escolher o seu futuro [...]. A escolha é nossa e deve ser: ou formar uma aliança global para cuidar da Terra e cuidar uns dos outros, ou arriscar a nossa destruição e a destruição da diversidade da vida (Preâmbulo).

1 Desafios atuais para a construção da sustentabilidade

Como organizar uma aliança de cuidado para com a Terra, a vida humana e toda a comunidade de vida e assim superar os riscos referidos?

A resposta só poderá ser: mediante a sustentabilidade real, verdadeira, efetiva e global, conjugada com o princípio do cuidado e da prevenção.

Mesmo antes de definirmos melhor o que seja sustentabilidade, podemos avançar mostrando o que ela fundamentalmente significa: o conjunto dos processos e ações que se destinam a manter a vitalidade e a integridade da Mãe Terra, a preservação de seus ecossistemas com todos os elementos físicos, químicos e ecológicos que possibilitam a existência e a reprodução da vida, o atendimento das necessidades da presente e das futuras gerações, e a continuidade, a expansão e a realização das potencialidades da civilização humana em suas várias expressões.

Pelas palavras da Carta da Terra, a sustentabilidade comparece como uma questão de vida ou morte. Nunca antes da história conhecida da civilização humana, corremos os riscos que atualmente ameaçam nosso futuro comum. Esses riscos não diminuem pelo fato de que muitíssimas pessoas, de todos os níveis de saber, deem de ombros a esta máxima questão. O que não podemos é, por descuido e ignorância, chegar tarde demais. Mais vale o princípio de precaução e de prevenção do que a indiferença, o cinismo e a despreocupação irresponsável. O próprio Papa Francisco enfatiza a importância do princípio de precaução:

> Na declaração do Rio, de 1992, afirma-se que, "quando existem ameaças de danos graves ou irreversíveis, a falta de certezas científicas absolutas não poderá constituir um motivo para adiar a adoção de medidas eficazes" que impeçam a degradação do meio ambiente. Esse princípio de precaução permite a proteção dos mais fracos, que dispõem de poucos meios para se defender e fornecer provas irrefutáveis. Se a informação objetiva leva a prever um dano grave e irreversível, mesmo que não haja uma comprovação indiscutível, seja o projeto que for, deverá

ser suspenso ou modificado. Assim inverte-se o ônus da prova (n. 186).

Se dermos centralidade à aliança de cuidado, seguramente chegaremos a um estágio de sustentabilidade geral que nos propiciará desafogo, alegria de viver e esperança de mais história a construir rumo a um futuro mais promissor.

Nossas reflexões se orientarão por estas sábias palavras do final da Carta da Terra: "Como nunca antes na história, o destino comum nos conclama a buscar um novo começo. Isto requer uma mudança na mente e no coração. Requer, outrossim, um novo sentido de interdependência global e de responsabilidade universal. Devemos desenvolver e aplicar com imaginação a visão de *um modo de vida sustentável* nos níveis local, nacional, regional e global" (final).

Recolhendo o essencial desta conclamação, importa reter os seguintes pontos:

1) Possuímos um *destino comum* – Terra e humanidade –, pois, na perspectiva da evolução ou quando "contemplamos a Terra de fora da Terra", formamos uma única entidade.

2) A situação atual se encontra, social e ecologicamente, tão degradada que a continuidade da forma de habitar a Terra, de produzir, de distribuir e de consumir, desenvolvida nos últimos séculos, não nos oferece condições de salvar a nossa civilização e, talvez até, a própria espécie humana; daí que imperiosamente se impõe um *novo começo*, com novos conceitos, novas visões e novos sonhos, não excluídos os instrumentos científicos e técnicos indispensáveis; trata-se, sem mais nem menos, de refundar o pacto social entre os humanos e o pacto natural com a natureza e a Mãe Terra.

3) Para essa monumentosa tarefa se faz urgente uma transformação da *mente*, vale dizer, um novo *software mental* ou um *design* diferente em nossa forma de pensar e de ler

a realidade com a clarividência de que o pensamento que criou esta situação calamitosa, como advertia Albert Einstein, não pode ser o mesmo que nos vai tirar dela; para mudar temos, portanto, que pensar diferente; fundamental também é a mudança de *coração*; não bastam a ciência e a técnica, por indispensáveis que sejam, fruto da razão intelectual e instrumental-analítica; precisamos igualmente da inteligência emocional e, com mais intensidade, da inteligência cordial, pois é ela que nos faz sentir parte de um todo maior, que nos dá a percepção da nossa conexão com os demais seres, impulsiona-nos com coragem para as mudanças necessárias e suscita em nós a imaginação para visões e sonhos carregados de promessas.

4) Somos urgidos a desenvolver um sentimento de *interdependência global*: é um fato incontestável que todos globalmente dependemos de todos, que laços nos ligam e religam por todos os lados, que ninguém é uma estrela solitária e que no universo e na natureza tudo tem a ver com tudo em todos os momentos e em todas as circunstâncias (Bohr e Heisenberg). Tão importante quanto a interdependência é a relevância da *responsabilidade universal*: isto significa que importa tomar em alta consideração as consequências benéficas ou maléficas de nossos atos, de nossas políticas e das intervenções que fazemos na natureza, que podem destruir o frágil equilíbrio da Terra e, caso usarmos armas de destruição em massa, fatalmente faríamos desaparecer a espécie humana. Isso significaria, por milhares de anos, um retrocesso evolutivo da Mãe Terra, arruinada e coberta de cadáveres.

5) Valorizar a *imaginação*. Já Albert Einstein observava que, quando a ciência não encontra mais caminhos, é a imaginação que entra em ação e sugere pistas inusitadas. Hoje precisamos de imaginação para projetar não apenas

um outro mundo possível, mas um outro mundo necessário no qual todos possam caber, hospedar uns aos outros e incluir toda a comunidade de vida sem a qual nós mesmos não existiríamos. Para música nova, novos ouvidos, e para agir diferente devemos sonhar diferente.

6) O grande propósito se resume nisto: criar *um modo sustentável de vida*. A concepção de sustentabilidade não pode ser reducionista e aplicar-se apenas ao crescimento/desenvolvimento, como é predominante nos tempos atuais. Ela deve cobrir todos os territórios da realidade, que vão das pessoas, tomadas individualmente, às comunidades, à cultura, à política, à indústria, às cidades e principalmente ao Planeta Terra com seus ecossistemas. Sustentabilidade é um modo de ser e de viver que exige alinhar as práticas humanas às potencialidades limitadas de cada bioma e às necessidades das presentes e das futuras gerações.

7) Em todos os níveis: *local, regional, nacional e global*. Esta perspectiva enfatiza a anterior para contrabalançar a tendência dominante de aplicar a sustentabilidade apenas às macrorrealidades, descurando as singularidades locais e ecorregionais, próprias de cada país com sua cultura, seus hábitos e suas formas de se organizar na Terra. Por fim, a sustentabilidade deve ser pensada numa perspectiva global, envolvendo todo o planeta, com equidade, fazendo que o bem de uma parte não se faça à custa do prejuízo da outra. Os custos e os benefícios devem ser proporcional e solidariamente repartidos. Não é possível garantir a sustentabilidade de uma porção do planeta deixando de elevar, na medida do possível, as outras partes ao mesmo nível ou próximo a ele.

2 A insustentabilidade da atual ordem socioecológica

Se olharmos à nossa volta, damo-nos conta do desequilíbrio que tomou conta do Sistema Terra e do Sistema Sociedade. Há um mal-estar cultural generalizado com a sensação de que imponderáveis catástrofes poderão acontecer a qualquer momento. Elenquemos alguns pontos nevrálgicos da insustentabilidade generalizada, sem a pretensão de sermos completos. Basta-nos captar as tendências e os pontos críticos.

a) A insustentabilidade do sistema econômico-financeiro mundial

Desde 2007, culminando em 2008 e se agravando em 2011, o sistema econômico-financeiro mundial entrou em profunda crise sistêmica. Começaremos por ele, porque nos últimos decênios operou-se o que foi chamado pelo conhecido economista húngaro-canadense Karl Polanyi (†1964) de *A grande transformação* (1944). O modo de produção industrialista, consumista, perdulário e poluidor conseguiu fazer da economia o principal eixo articulador e construtor das sociedades. O mercado livre se transformou na realidade central, subtraindo-se do controle do Estado e da sociedade, transformando tudo em mercadoria, desde as realidades sagradas e vitais como a água e os alimentos, até as mais obscenas como o tráfico de pessoas, de drogas e de órgãos humanos. A política foi esvaziada ou subjugada aos interesses econômicos, e a ética foi enviada ao exílio. Bom é ganhar dinheiro e ficar ricos, e não ser honesto, justo e solidário.

Com o fracasso do socialismo real no final dos anos 80 do século passado, os ideais e as características do capitalismo e da cultura do capital foram exacerbados: a acumulação ilimitada, a concorrência, o individualismo, tudo resumido da máxima: *greed is good*, quer dizer, "a ganância é boa".

O capital especulativo ganhou proeminência sobre o produtivo. Vale dizer, é mais fácil ganhar dinheiro especulando com dinheiro do que produzindo e comercializando produtos. A diferença entre um e outro raia os limites do absurdo: 60 trilhões de dólares estão empenhados em processos produtivos e 600 trilhões circulam pelas bolsas como derivativos ou papéis especulativos.

A especulação e a fusão de grandes conglomerados multinacionais transferiram uma quantidade inimaginável de riqueza para poucos grupos e para poucas famílias. Os 20% mais ricos consomem 82,4% das riquezas da Terra, enquanto os 20% mais pobres têm que se contentar com apenas 1,6%. As três pessoas mais ricas do mundo possuem ativos superiores a toda riqueza dos 48 países mais pobres, nos quais vivem 600 milhões de pessoas. E mais: 257 pessoas sozinhas acumulam mais riqueza que 2,8 bilhões de pessoas, o que equivale a 45% da humanidade. Atualmente 1% dos estado-unidenses ganha o correspondente à renda de 99% da população. São dados fornecidos por um dos intelectuais mais respeitados dos Estados Unidos, e duro crítico do atual curso da política mundial, Noam Chomsky.

Hoje há cada vez menos países ricos: em seu lugar entraram os grupos sumamente opulentos que se enriqueceram especulando, saqueando o dinheiro público, as pensões dos operários e devastando globalmente a natureza.

Aquilo que é demasiadamente perverso, como a realidade referida, não pode possuir em si mesmo nenhuma sustentabilidade. Chega o momento em que a farsa se desmascara. Foi o que ocorreu em 2008 com a explosão da bolha especulativa, deslanchando a crise econômico-financeira nos países centrais (Estados Unidos, Europa e Japão), com repercussões em todo o sistema; em alguns países mais, em outros menos.

As estratégias dos poderosos é salvar o sistema financeiro e não salvar nossa civilização e garantir a vitalidade da Terra.

O Papa Francisco constata em sua encíclica "sobre como habitar a Casa Comum" que "os poderes econômicos continuam a justificar o sistema mundial atual, onde predomina uma especulação e uma busca de receitas financeiras que tendem a ignorar todo o contexto e os efeitos sobre a dignidade humana e sobre o meio ambiente... Por isso, hoje, qualquer realidade que seja frágil, como o meio ambiente, fica indefesa face aos interesses do mercado divinizado e transformado em regra absoluta" (n. 56).

O gênio do sistema capitalista se caracteriza por sua enorme capacidade de encontrar soluções para suas crises, geralmente promovendo a destruição criativa. Ganha destruindo um sistema e depois ao reconstruí-lo. Mas desta vez ele encontrou obstáculos intransponíveis: os limites do Planeta Terra e a escassez crescente de bens e serviços naturais. Ou encontramos outra forma de produzir e assegurar a subsistência da vida humana e da comunidade de vida (animais, florestas e os demais seres orgânicos) ou então poderemos conhecer um fenomenal fracasso que traz em seu bojo grave catástrofe social e ambiental.

b) A insustentabilidade social da humanidade por causa da injustiça mundial

A sustentabilidade de uma sociedade se mede por sua capacidade de incluir a todos e garantir-lhes os meios de uma vida suficiente e decente. Ocorre que as crises que assolam todas as sociedades esgarçaram o tecido social e jogaram milhões na marginalidade e na exclusão. Surgiu uma nova classe de gente: os desempregados estruturais e os precarizados, quer dizer, aqueles que se obrigam a executar trabalhos precários e com baixos salários.

Até a crise econômico-financeira de 2008 havia no mundo 860 milhões de famintos. No presente, ascenderam a mais de um bilhão. Gritos lancinantes de famélicos e miseráveis se elevam ao céu; poucos são os que ouvem seus lamentos. Alcançamos níveis de barbárie e desumanidade como em poucas épocas de nossa história.

Há uma falta lastimável de solidariedade entre as nações. Nenhuma delas destinou, como havia sido acertado oficialmente, sequer 1% de seu Produto Interno Bruto para aliviar a fome e as "doenças da fome" que devastam imensas regiões da África, da América Latina e da Ásia.

O grau de humanidade de um grupo humano se avalia pelo nível de solidariedade, de cooperação e de compaixão que cultiva face aos coiguais necessitados. Por este critério, somos desumanos e perversos, filhos e filhas infiéis da Mãe Terra sempre tão generosa para com todos.

Com grande ênfase sustenta o Papa Francisco que as grandes maiorias nos países pobres serão as principais vítimas das mudanças climáticas.

> Provavelmente os impactos mais sérios recairão, nas próximas décadas, sobre os países em desenvolvimento. Muitos pobres vivem em lugares especialmente afetados por fenômenos relacionados com o aquecimento, e seus meios de subsistência dependem fortemente das reservas naturais e dos chamados serviços do ecossistema, como a agricultura, a pesca e os recursos florestais. Não possuem outras disponibilidades econômicas nem outros recursos que lhes permitam adaptar-se aos impactos climáticos ou enfrentar situações catastróficas e gozam de reduzido acesso a serviços sociais e de proteção... O aquecimento causado pelo enorme consumo de alguns países ricos tem repercussões nos lugares mais pobres da Terra, onde o aumento da temperatura, juntamente com a seca, tem efeitos desastrosos no rendimento dos cultivos (n. 25 e 51).

Em termos globais, podemos afirmar que a convivência entre os humanos é vergonhosamente insustentável por não garantir os meios de vida para grande parte da humanidade. Todos corremos o risco de atrair as iras de Gaia (veja LOVELOCK, J. *A vingança de Gaia*, 2006), que é paciente para com seus filhos e filhas, mas que pode ser terrível para os que, sistematicamente, tornam-se hostis à vida e ameaçam a vida dos outros. Ela pode não querê-los mais em seu seio e acabar por eliminá-los por meio de alguma forma que só ela conhece (catástrofe planetária, bactérias inatacáveis, guerra nuclear generalizada).

c) A crescente dizimação da biodiversidade: o Antropoceno

O atual modo de produção visando o mais alto nível possível de acumulação (como posso ganhar mais?) comporta a dominação da natureza e a exploração de todos os seus bens e serviços. Para este propósito se utilizam todas as tecnologias, desde as mais sujas, como aquelas ligadas à mineração e à extração de gás e petróleo, até as mais sutis, que utilizam a genética e a nanotecnologia. O que mais agride o equilíbrio vital de Gaia é o uso intensivo de agrotóxicos e pesticidas, pois devastam os micro-organismos (bactérias, vírus e fungos) que, aos quintilhões de quintilhões, habitam os solos garantindo a fertilidade da Terra. O efeito mais lamentável é a diminuição da grande riqueza que a Terra nos proporciona, que é a diversidade de formas de vida (biodiversidade).

A extinção de espécies pertence ao processo natural da evolução, que sempre se renova e permite emergências de seres diferentes. A Terra, em sua história de já 4,4 bilhões de anos, conheceu 15 grandes dizimações. Aquela da Era do Perminiano, ocorrida há 250 milhões de anos, foi tão devastadora que fez desaparecer 50% dos animais e 95% das espécies marinhas. A última, de grandes proporções, ocorreu há 65 milhões de anos, quando caiu em Yucatán, no sul do México, um meteoro de 9,5km e dizimou todos os dinossauros, depois de viverem durante 133 milhões de anos sobre a face da Terra. Nosso ancestral que vivia no topo das grandes árvores, escondendo-se dos dinossauros, pôde descer ao solo e fazer seu percurso evolucionário que culminou em nossa espécie: *homo sapiens sapiens*.

Devido à intemperante e irresponsável intervenção humana nos processos naturais, ocorrida nos últimos três séculos, inauguramos uma nova era geológica chamada de Antropoceno, que sucede a do Holoceno. O Antropoceno se caracteriza pela capacidade de destruição do ser humano, acelerando o desaparecimento natural das espécies. Os biólogos divergem quanto ao número de seres que anualmente estão sendo subtraídos da história. Seguimos o mais conhecido biólogo vivo – criador da expressão *biodiversidade* –, Edward Wilson, de Harvard, nos Estados Unidos, que estima estarem sendo eliminadas entre 27.000 a 100.000 espécies por ano (BARBAULT, R. *Ecologia geral*, 2011, p. 318).

Segundo um estudo publicado pelo Pnuma (Fundo das Nações Unidas para o Meio Ambiente) em 2011, mais de 22% das plantas do mundo se encontram sob risco de extinção devido à perda de seus habitats naturais e como consequência do desmatamento em função da produção de alimentos, do agronegócio e da pecuária (*Anuário Pnuma* 2011, p. 12). E com o desaparecimento das florestas são perigosamente afetados os animais, os insetos, o regime de umidade, fundamental para todas as formas de vida.

Os desertos não param de se expandir (na proporção anual do Estado da Bahia) e a erosão se alastra, frustrando colheitas e gerando fome e migração de milhares e milhares de pessoas.

O Papa Francisco, na referida encíclica, adverte sobre as graves consequências da perda da biodiversidade para toda a humanidade, ao mesmo tempo que sublinha o alto valor dessa riqueza viva que nós estamos irresponsavelmente dizimando:

A perda das florestas e bosques implica simultaneamente a perda de espécies que poderiam constituir, no futuro, recursos extremamente importantes não só para a alimentação, mas também para a cura de doenças e vários serviços. As diferentes espécies contêm genes que podem ser recursos-chave para resolver, no futuro, alguma necessidade humana e regular algum problema ambiental. Entretanto, não basta pensar nas diferentes espécies, esquecendo que possuem um valor em si mesmas. Atualmente desaparecem milhares de espécies vegetais e animais, que já não poderemos conhecer, que nossos filhos não poderão ver, perdidas para sempre. A grande maioria delas extingue-se por razões que têm a ver com alguma atividade humana. Por nossa causa, nem poderão comunicar-nos a sua própria mensagem. Não temos direito de fazer isso (n. 32-33).

d) *A insustentabilidade do Planeta Terra: a pegada ecológica*

A Terra em sua longa trajetória no sistema solar suportou grandes abalos, talvez o maior deles quando ocorreu o que se chamou a *deriva continental,* vale dizer, quando o único continente *Pangeia* começou a se partir e, destarte, a dar origem aos continentes que hoje conhecemos. Isso ocorreu há 245 milhões de anos.

Ela possui uma incomensurável capacidade de adaptar-se e de incorporar elementos novos, vindos, por exemplo, dos meteoros que corroboraram na origem da vida. A Terra permitiu que a vida criasse para si um habitat bom para ela, que chamamos de biosfera, hoje vastamente ameaçada.

Mostrou igualmente imensa capacidade de suportar e sobreviver a agressões, vindas do espaço exterior, como meteoros rasantes ou perpetradas pela atividade humana. A partir do surgimento do *homo habilis* há cerca de 2 milhões de anos, começou um diálogo complexo entre ser humano e natureza, que conheceu três fases: inicialmente era uma relação de *interação* pela qual reinava sinergia e cooperação entre eles; a segunda foi de *intervenção*, quando o ser humano começou a usar instrumentos (pedras afiadas, paus pontiagudos, e mais tarde, a partir do Neolítico, os instrumentos agrícolas) para vencer os obstáculos da natureza e modificá-la; a terceira fase, a atual, é de *agressão*, quando o ser humano faz uso de todo um aparato tecnológico para submeter a seus propósitos a natureza, cortando montanhas, represando rios, abrindo minas subterrâneas, poços de petróleo e estradas, criando cidades, fábricas e dominando os mares.

Em cada fase a Terra reagiu, assimilou, rejeitou e encontrou um equilíbrio que lhe permitisse viver e oferecer, em abundância, bens (água, alimentos, nutrientes) e serviços (atmosfera, climas, regime de ventos e chuvas) para todos os seres vivos. Mas ela, como um superorganismo vivo, Gaia, sempre se mostrou soberana, derrotando a arrogância humana de submeter a si a natureza. Terremotos, erupções vulcânicas, tsunamis, tufões, secas e inundações quebraram todas as barreiras construídas. O ser humano teve que aprender que somente obedecendo à natureza é que ele pode colocá-la a seu serviço.

Atualmente alcançamos um nível tal de agressão que equivale a uma espécie de guerra total. Atacamos a Terra no solo, no subsolo, no ar, no mar, nas montanhas, nas florestas, nos reinos animal e vegetal, em todas as partes, onde podemos arrancar dela algo para nosso benefício, sem qualquer sentido de retribuição e sem qualquer disposição de dar-lhe repouso e tempo para se regenerar.

Mas não nos iludamos. Nós, seres humanos, não temos qualquer chance de ganhar esta guerra irracional e desapiedada, pois a Terra é ilimitadamente mais poderosa que nós. De mais a mais, nós precisamos dela para viver. Ela não precisa de nós.

Existiu bem antes do surgimento do ser humano e pode, tranquilamente, continuar sem a nossa presença. Mas será uma perda inimaginável para o próprio universo que, nesta sua pequena porção que é o nosso planeta, não mais se poderá, mediante o ser humano inteligente e consciente, ver-se a si mesmo e contemplar a sua majestade.

Ainda no século XIX Friedrich Engels em sua *Dialética da natureza* com razão afirmava:

> Não nos envaideçamos facilmente com a nossa vitória sobre a natureza. Sobre cada vitória ela se vinga... Devemos nos convencer de que nós não dominamos a natureza como um conquistador domina um povo estrangeiro, como se alguém estivesse fora da natureza. Nós pertencemos a ela com carne, sangue e cérebro. Estamos dentro dela. Nosso domínio consiste nisso, à diferença das demais criaturas, que conhecemos suas leis e podemos aplicá-las de forma correta (MEW 20, p. 452-453).

Nessa guerra total, fruto da ganância, da vontade de acumular e de poder, rompemos um limite que, uma vez ultrapassado, põe em risco a saúde de Gaia. Elenquemos alguns indicadores desta ultrapassagem: a ruptura da camada de ozônio que nos defende de raios ultravioleta, nocivos para a vida; o adensamento demasiado de dióxido de carbono na atmosfera, na ordem de 27 bilhões de toneladas/ano; a escassez de recursos naturais, necessários para a vida (solos, nutrientes, água, florestas, fibras), alguns até ao esgotamento (como proximamente o petróleo e o gás); a perda crescente da biodiversidade (especialmente de insetos que garantem a polinização das plantas); o desflorestamento, afetando o regime de águas, de secas e de chuvas; o acúmulo excessivo de dejetos industriais, que não sabemos como eliminar ou reutilizar; a poluição dos oceanos, aumentando seu nível de salinização, e, por fim, como consequência de todos estes fatores negativos, o aquecimento global que a todos indistintamente ameaça.

A Avaliação Ecossistêmica do Milênio, organizada pela ONU entre os anos 2001 e 2005, envolvendo cerca de 1.300 cientistas de 95 países, além de 850 outras personalidades da ciência e da política, revelou que dos 24 serviços ambientais essenciais para a vida (água e ar limpos, regulação dos climas, alimentos, energia, fibras etc.), 15 deles se encontravam em processo de degradação acelerada.

Em janeiro de 2015, 18 cientistas publicaram na famosa revista *Science* um estudo sobre "*Os limites planetários: um guia para um desenvolvimento humano num mundo em mutação*". Elencaram 9 dados fundamentais para a continuidade da vida. Entre eles estavam o equilíbrio dos climas, a manutenção da biodiversidade, preservação da camada de ozônio, e controle da acidificação dos oceanos, entre outras. Todos os itens encontram-se em estado de erosão. Mas dois são os mais degradados, que eles chamam de "limites fundamentais": a mudança climática e a extinção das espécies. O rompimento destas duas fronteiras fundamentais pode levar a civilização ao colapso, dizem os cientistas.

Em outras palavras, estamos destruindo as bases químicas, físicas e ecológicas de nosso futuro. Esta destruição é conduzida por alguns milhões de seres humanos, mas extremamente poderosos. Fred Pierce, autor do conhecido livro *O terremoto populacional* (*The Peoplequake*), publicou um artigo no *New Scientist* (26/09/09) no qual fornece os seguintes dados: os 500 milhões mais ricos (7% da população mundial) são responsáveis por 50% das emissões de gases de efeito estufa, enquanto os 3,4 bilhões mais pobres (50% da população) respondem apenas por 7% das emissões produtoras do aquecimento global.

Neste contexto, devemos dar especial atenção à assim chamada *Pegada Ecológica da Terra*, quer dizer: quanto de solo, de nutrientes, de água, de florestas, de pastagens, de mar, de plâncton, de pesca, de energia etc. o planeta precisa para repor aquilo que lhe foi tirado pelo consumo humano?

O relatório *Living Planet* (Planeta Vivo) de 2010 revelou que a Pegada Ecológica da humanidade mais que duplicou desde 1966. Os resultados da Rede da Pegada Global (*Global Footprint Network*) do ano 2011 nos levam a pensar acerca dos riscos que corremos. Eis os dados que nos são oferecidos:

Em 1961 precisávamos apenas de 63% da Terra para atender as demandas humanas. Em 1975 já necessitávamos de 97% da Terra. Em 1980 exigíamos 100,6%, portanto, precisamos mais de uma Terra. Em 2005 já atingíamos a cifra de 145% da Terra. Quer dizer, precisávamos de quase uma Terra e meia para estar à altura do consumo geral da humanidade. Em 2011 nos aproximamos a 170%, portanto, próximos a dois planetas Terra. A seguir este ritmo, no ano 2030 precisaremos de pelo menos três planetas Terra iguais a este que temos. Se hipoteticamente quiséssemos universalizar o nível de consumo que os países ricos como os Estados Unidos, a União Europeia e o Japão desfrutam, dizem-nos biólogos e cosmólogos, seriam necessários cinco planetas Terra, o que é absolutamente irracional (BARBAULT, R. *Ecologia geral*, 2011, p. 418).

Dito numa expressão tirada do cotidiano: a Terra já entrou, há bastante tempo, no cheque especial. Encontra-se no vermelho. Ela precisa de mais de um ano e meio para repor o que nós lhe subtraímos durante um ano. Em outras palavras, a Terra não é mais sustentável. Quando entrará em falência? O que ocorrerá à nossa civilização e às populações presentes e futuras, quando nos faltarão os meios de vida indispensáveis para a nossa sobrevivência e para levarmos avante os projetos humanos sempre novos e exigentes?

Como se depreende: precisamos garantir a sustentabilidade geral do planeta, dos ecossistemas e de nossa própria vida. Trata-se de uma questão irrenunciável se quisermos ainda viver.

Bem advertia Michail Gorbachev em 2002, numa das reuniões do grupo que compõe a Iniciativa Carta da Terra: "Precisamos de um novo paradigma de civilização porque o atual chegou ao seu fim e exauriu suas possibilidades; temos que chegar a um consenso sobre novos valores, caso contrário em 30 ou 40 anos a Terra poderá existir sem nós".

Até o surgimento do ser humano, de 5-7 milhões de anos, a Terra se conduzia instintivamente pelas forças diretivas do universo e dela mesma. Agora, com o ser humano, ela ousou assumir um risco, o de confiar o seu destino a um de seus rebentos, à comunidade humana, e o de decidir sobre o futuro de seus sistemas vitais básicos. Este é um acontecimento tão importante quanto o aparecimento da própria vida. Como espécie, fizemo-nos responsáveis pela vida ou pela morte das demais espécies e até da nossa própria. Daí a exigência de refletirmos sobre a sustentabilidade e da nossa capacidade e responsabilidade de garanti-la para toda a comunidade de vida.

e) O aquecimento global e o risco do fim da espécie

Pertence à geofísica da Terra que ela, de tempos em tempos (calcula-se a cada 26 mil anos), mude de clima, ora mais frio, ora mais quente. A temperatura média dela é de cerca de 15º C, ótima para a manutenção da vida.

Nos últimos séculos, desde o começo do processo de industrialização, estão sendo lançados na atmosfera bilhões de toneladas de gases de efeito estufa como o dióxido de carbono, nitritos, metano – que é 23 vezes mais agressivo que o dióxido de carbono – e outros gases. Com isso o aquecimento da Terra foi crescendo lentamente até alcançar um nível perigoso. Isso foi detectado e denunciado pelo Painel Intergovernamental das Mudanças Climáticas (em inglês IPPC), que reuniu mais de mil cientistas no dia 2 de fevereiro de 2007 em Paris. Constataram então que não estamos indo ao encontro do temido aquecimento global, senão que já estamos dentro dele. Não falta muito para nos acercarmos a 2° C. Isto está exigindo duas medidas fundamentais: adaptar-se à nova situação, e quem não o conseguir, como muitas espécies de seres vivos, estará condenado a lentamente desaparecer; a segunda medida consiste em procurar, por todos os modos possíveis, mitigar os efeitos danosos para a biosfera e para a espécie humana.

Tais medidas só surtirão efeito caso a humanidade como um todo se predisponha a reduzir a emissão de gases poluentes, produtores de aquecimento. O Protocolo de Kyoto, ao redor do qual se reuniram os chefes de Estado e de governo da Terra, previa uma redução de 5,2% de gases. Os principais países poluidores, como os Estados Unidos e a China, não subscreveram tais medidas. Este dado é ridículo, pois a comunidade científica aconselha urgentemente a redução, ao menos, de 60% destes gases danosos.

O aquecimento global esconde eventos extremos: por um lado, arrasadoras enchentes, por outro, tórridas secas, a irrupção de tufões devastadores, a fome de milhões, a destruição de safras provocando a emigração de populações inteiras e a alta dos preços dos alimentos (*commodities*), a disputa por espaços e por recursos, e guerras tribais.

O tema do aquecimento global é polêmico e rejeitado por muitos, especialmente por representantes de grandes corporações, obcecados por seus interesses econômicos. Mas ele é um fato constatável de forma cada vez mais convincente, como, por exemplo, pelo tufão Kathrina, que destruiu Nova Orleans nos Estados Unidos, o tsunami do sudeste da Ásia, que deixou milhares de mortos, ou o terremoto no Japão, seguido por um outro tsunami, que destruiu as usinas nucleares em Fukushima, pondo em risco a vida de milhares de pessoas. A prova irrefutável é o nível do mar. Sua elevação é um indicador confiável. Seu nível se eleva por dois motivos: o degelo das calotas polares e do *permafrost* (solos congelados da Sibéria e do norte do planeta) que se derretem e trazem mais água aos oceanos; o aquecimento faz com que o mar se expanda, suba e comece a ameaçar os países insulares e as praias de todas as costas, coisa que se está verificando em muitas partes do mundo (LOVELOCK, J. *Gaia*: alerta final, 2009, p. 73).

Há um alerta, entretanto, que deve ser tomado muito a sério, feito já há anos pela Academia Nacional Norte-americana de Ciências. Com a entrada do metano, liberado pelo degelo generalizado, abruptamente poderia se elevar em 4º C ou mais o clima da Terra. Sob este nível de aquecimento, nenhuma forma de vida que conhecemos resistiria, e lentamente iria mirrando e desaparecendo. Grande parte dos seres humanos seria condenada da mesma forma, salvo pequenos grupos que se refugiariam em oásis ou em portos nos quais a adaptação e a mitigação seriam ainda possíveis. Assim se salvariam uns poucos, mas sem os benefícios da civilização que tão penosamente temos criado.

f) Conclusão – Fiéis à Terra e amantes do Autor da Vida

Tais reflexões nos convencem da urgência de pensarmos a sustentabilidade de uma forma correta e distanciada dos modismos vigentes. Mais ainda: devemos começar a elaborar um modo sustentável de vida em todos os âmbitos, seja na natureza, seja na cultura. Não se trata de salvar nossa sociedade de bem-estar e de abundância, mas simplesmente de salvar nossa civilização e a vida humana junto com as demais formas de vida.

Para isso, importa colocarmos em primeiro lugar Gaia, a Mãe Terra, e somente em seguida os seres humanos. Se não garantirmos a sustentabilidade do planeta acima de tudo, todas as demais iniciativas serão vãs e não se sustentarão.

Vale aqui a admoestação de Friedrich Nietzsche no prólogo de seu *Assim falava Zaratustra:* "Exorto-vos, ó meus irmãos, permanecei fiéis à Terra" (p. 14). Não menos importante é a palavra da Revelação no Livro da Sabedoria que nos consola:" "Senhor, Tu amas todos os seres, a todos poupas porque te pertencem e porque Tu és o soberano amante da vida" (11,24.26).

Quem é o autor e o amante da vida não permitirá que ela seja exterminada, pois sabe fazer da crise do parto uma oportunidade para o nascimento de um novo ser, e do caos consegue tirar uma ordem superior e melhor.

2

As origens do conceito de sustentabilidade

A grande maioria estima que o conceito de "sustentabilidade" possui origem recente, a partir das reuniões organizadas pela ONU nos anos 70 do século XX, quando surgiu forte a consciência dos limites do crescimento que punha em crise o modelo vigente praticado em quase todas as sociedades mundiais. Mas o conceito já possui uma história de mais de 400 anos, que poucos conhecem. Convém recapitular brevemente esse percurso. Entretanto, importa antes esclarecer o conteúdo do conceito sustentabilidade. Encontramo-lo já numa rápida consulta aos dicionários, no caso, ao *Novo Dicionário Aurélio* e ao clássico *Dicionário de Verbos e Regimes* de Francisco Fernandez de 1942. Na raiz de "sustentabilidade" e de "sustentar" está a palavra latina *sustentare* com o mesmo sentido que possui em português.

Ambos os dicionários referidos nos oferecem dois sentidos: um passivo e outro ativo. O *passivo* diz que "sustentar" significa equilibrar-se, manter-se, conservar-se sempre à mesma altura, conservar-se sempre bem. Neste sentido "sustentabilidade" é, em termos ecológicos, tudo o que a Terra faz para que um ecossistema não decaia e se arruíne. Esta diligência implica que a Terra e os biomas tenham condições não apenas para conservar--se assim como são, mas também que possam prosperar, fortalecer-se e coevoluir.

O sentido ativo enfatiza a ação feita de fora para *conservar, manter, proteger, nutrir, alimentar, fazer prosperar, subsistir, viver.* No dialeto ecológico isto significa: sustentabilidade representa os procedimentos que tomamos para permitir que a Terra e seus biomas se mantenham vivos, protegidos, alimentados de nutrientes a ponto de estarem sempre bem conservados e à altura dos riscos que possam advir. Assim, por exemplo, criar expedientes de sustentabilidade como plantar árvores na encosta da montanha, que servem de escora contra a erosão e os deslizamentos.

Estes sentidos são visados quando falamos hoje em dia de sustentabilidade, seja do universo, da Terra, dos ecossistemas e também de comunidades e sociedades inteiras: que continuem vivas e se conservem bem. Somente se conservarão bem se mantiverem seu equilíbrio interno e se conseguirem se autorreproduzir. Então subsistem ao longo do tempo.

1 A pré-história do conceito de "sustentabilidade"

O nicho a partir do qual nasceu e se elaborou o conceito de "sustentabilidade" é a silvicultura, o manejo das florestas. Em todo mundo antigo e até o alvorecer da Idade Moderna a madeira era a matéria-prima principal na construção de casas e móveis, em aparelhos agrícolas, como combustível para cozinhar e aquecer as casas. Foi amplamente usada para fundir metais e na construção de barcos, que na época das "descobertas/conquistas" do século XVI singravam todos os oceanos. O uso foi tão intensivo, particularmente na Espanha e em Portugal, as potências marítimas da época, que as florestas começaram a escassear.

Mas foi na Alemanha, em 1560, na Província da Saxônia, que irrompeu, pela primeira vez, a preocupação pelo uso racional das florestas, de forma que elas pudessem se regenerar e se manter permanentemente. Neste contexto surgiu a palavra alemã *Nachhaltigkeit*, que significa "sustentabilidade".

No entanto foi somente em 1713, de novo na Saxônia, com o Capitão Hans Carl von Carlowitz, que a palavra "sustentabilidade" se transformou num conceito estratégico. Haviam se criado fornos de mineração que demandavam muito carvão vegetal, extraído da madeira. Florestas eram abatidas para atender esta nova frente do progresso. Foi então que Carlowitz escreveu um verdadeiro tratado na língua científica da época, o latim, sobre a sustentabilidade (*nachhaltig wirtschaften*: organizar de forma sustentável) das florestas com o título de *Silvicultura oeconomica*. Propunha enfaticamente o uso sustentável da madeira. Seu lema era: "devemos tratar a madeira com cuidado" (*man muss mit dem Holz pfleglich umgehen*), caso contrário, acabar-se-á o negócio e cessará o lucro. Mais diretamente: "corte somente aquele tanto de lenha que a floresta pode suportar e que permite a continuidade de seu crescimento". A partir desta consciência os poderes locais começaram a incentivar o replantio das árvores nas regiões desflorestadas. As ponderações de ontem conservam validade até os dias de hoje, pois o discurso ecológico atual usa praticamente os mesmos termos de então.

Alguns anos após, em 1795, Carl Georg Ludwig Hartig escreveu outro livro: *Indicações para a avaliação e a descrição das florestas* (*Anweisung zur Taxation und Beschreibung der Forste*), afirmando: "é uma sábia medida avaliar de forma a mais exata possível o desflorestamento e usar as florestas de tal maneira que as futuras gerações tenham as mesmas vantagens que a atual" (veja na internet DANZER GROUP ou GROBER, U. "Modewort mit tiefen Wurzeln; kleine Begriffsgeschichte von sustainability und Nachhaltigkeit". *Jahrbuch Ökologie*, 2003, p. 167-175).

A preocupação com a sustentabilidade (*Nachhaltigkeit*) das florestas foi tão forte que se criou uma ciência nova: a Silvicultura (*Forstwissenschaft*). Na Saxônia e na Prússia fundaram-se academias de Silvicultura, para onde acorriam estudantes de toda a Europa, da Escandinávia, dos Estados Unidos e até da Índia. Esse conceito se manteve vivo nos círculos ligados à Silvicultura e fez-se ouvir em 1970, quando se criou o Clube de Roma, cujo primeiro relatório foi sobre *Os limites do crescimento*, que deslanchou acaloradas discussões nos meios científicos, nas empresas e na sociedade.

2 A história recente do conceito de "sustentabilidade"

O alarme ecológico provocado por este relatório levou a ONU a ocupar-se do tema. Assim, realizou entre 5 e 16 de junho de 1972 em Estocolmo a Primeira Conferência Mundial sobre o Homem e o Meio Ambiente. Os resultados não foram significativos, mas seu melhor fruto foi a decisão de criar o Programa das Nações Unidas para o Meio Ambiente (Pnuma).

A outra conferência, muito importante, realizou-se em 1984, dando origem à Comissão Mundial sobre Meio Ambiente e Desenvolvimento, cujo lema era: "Uma agenda global para a mudança". Os trabalhos desta comissão, composta por dezenas de especialistas, encerraram-se em 1987 com o relatório da primeira-ministra norueguesa Gro Harlem Brundland, com o sugestivo título: "Nosso futuro comum" (chamado também de *Relatório Brundland*).

Aí aparece claramente a expressão "desenvolvimento sustentável", definido como *"aquele que atende as necessidades das gerações atuais sem comprometer a capacidade das gerações futuras de atenderem a suas necessidades e aspirações"*. Esta definição se tornou clássica e se impôs em quase toda a literatura a respeito do tema.

Em consequência deste relatório, a Assembleia das Nações Unidas decidiu dar continuidade à discussão, convocando a Conferência das Nações Unidas sobre Meio Ambiente e Desenvolvimento no Rio de Janeiro, de 3 a 14 de julho de 1992, conhecida também como a Cúpula da Terra. Produziram-se vários documentos, sendo que a *Agenda 21: Programa de Ação Global*, com 40 capítulos, e a *Carta do Rio de Janeiro* são os principais. A categoria "desenvolvimento sustentável" adquiriu então plena cidadania, constituiu o eixo de todas as discussões e aparece quase sempre nos principais documentos.

Na *Carta do Rio de Janeiro* se afirma claramente que "todos os Estados e todos os indivíduos devem, como requisito indispensável para o *desenvolvimento sustentável*, cooperar na tarefa essencial de erradicar a pobreza, de forma a reduzir as disparidades nos padrões de vida e melhor atender as necessidades da maioria da população do mundo".

Estabeleceram também um critério ético-político no sentido de que "os Estados devem cooperar, em um espírito de parceria global, para a conservação, proteção e restauração da saúde e da integridade dos ecossistemas terrestres. Face às distintas contribuições para debelar a degradação ambiental global, os Estados têm responsabilidades comuns, porém diferenciadas".

Esta declaração fez fortuna e ocasionou o comprometimento de todos os países em qualificar seu desenvolvimento para que a sustentabilidade fosse efetivamente garantida. Tal empenho, na verdade, ocorreu muito parcamente, o que foi constatado no Encontro Rio+5, realizado no Rio de Janeiro em 1997.

Para os analistas ficava cada vez mais clara a contradição existente entre a lógica do desenvolvimento de tipo capitalista, que sempre procura maximalizar os lucros às expensas da natureza, criando grandes desigualdades sociais (injustiças), e entre a dinâmica do meio ambiente, que se rege pelo equilíbrio, pela interdependência de todos com todos e pela reciclagem de todos os resíduos (a natureza não conhece lixo).

Tal impasse provocou uma nova convocação, por parte da ONU, de uma Cúpula da Terra sobre a Sustentabilidade e Desenvolvimento, realizada em Joanesburgo entre 26 de agosto e 4 de setembro de 2002, reunindo representantes de 150 nações, além da presença das grandes corporações, de cientistas e militantes da causa ecológica.

Se na Eco-92 do Rio de Janeiro reinava ainda um espírito de cooperação, favorecido pela queda do Império Soviético e do Muro de Berlim, em Joanesburgo se notou uma disputa feroz por interesses econômicos corporativos, especialmente por parte das grandes potências, que boicotaram a discussão das energias alternativas em substituição do petróleo, altamente poluidor.

Joanesburgo terminou numa grande frustração, pois se perdeu o sentido de inclusão e de cooperação, predominando decisões unilaterais das nações ricas, apoiadas pelas grandes corporações e os países produtores de petróleo. A questão da salvaguarda do planeta e da preservação de nossa civilização foi apenas referida marginalmente. Falou-se de sustentabilidade, mas sem constituir a preocupação central.

O saldo positivo de todas estas conferências da ONU foi um crescimento de consciência na humanidade concernente à questão ambiental, não obstante persista ainda ceticismo em um bom número de pessoas, de empresas e até de cientistas. Entretanto, os eventos extremos têm se multiplicado tanto, que os céticos já começam a levar a sério a questão das mudanças climáticas da Terra.

A expressão "desenvolvimento sustentável" começou a ser usada em todos os documentos oficiais dos governos, da diplomacia, dos projetos das empresas, no discurso ambientalista convencional e nos meios de comunicação.

O "desenvolvimento sustentável" é proposto ou como um ideal a ser atingido ou então como um qualificativo de um processo de produção ou de um produto, feito pretensamente dentro de critérios de sustentabilidade, o que, na maioria dos casos, não corresponde à verdade. Geralmente entende-se a sustentabilidade de uma empresa se ela consegue se manter e ainda crescer, sem analisar os custos sociais e ambientais que ela causa. Hoje o conceito é tão usado e abusado que se transformou num modismo, sem que seu conteúdo seja esclarecido ou criticamente definido.

De 20-22 de junho de 2012 ocorreu no Rio de Janeiro uma megaconferência, outra Cúpula da Terra, promovida pela ONU, intitulada Rio+20, que se propôs fazer um balanço dos avanços e dos retrocessos do binômio "desenvolvimento e sustentabilidade" no quadro das mudanças trazidas pelo aquecimento global, pela clara diminuição dos bens e serviços da Terra, agravada pela crise econômico-financeira iniciada em 2007, que atingiu o sistema global a partir dos países centrais da ordem capitalista e aprofundando-se mais e mais a partir de 2011. Os temas geradores da Rio+20 foram "sustentabilidade", "economia verde" e "governança global do ambiente".

Infelizmente, o documento definitivo "Que futuro queremos", cuja redação final foi confiada à delegação brasileira, por falta de consenso dos 193 representantes dos povos, não chegou a propor nenhuma meta concreta para erradicar a pobreza, controlar o aquecimento global e salvaguardar os serviços ecossistêmicos da Terra. Por ser vazio e temeroso não ajudará a humanidade a sair da atual crise. Nesse momento, não progredir é retroceder.

3

Modelos atuais de sustentabilidade e sua crítica

A pressão mundial sobre os governos e as empresas em razão da crescente degradação da natureza e do clamor mundial acerca dos riscos que pesam sobre a vida humana fizeram com que todos encetassem esforços para conferir sustentabilidade ao desenvolvimento. A primeira tarefa foi começar a reduzir as emissões de dióxido de carbono e outros gases de efeito estufa, organizar a produção de baixo carbono, tomar a sério os famosos três erres (r) enunciados na Carta da Terra: *reduzir, reutilizar e reciclar* os materiais usados; aos poucos foram acrescentados outros erres, como *redistribuir* os benefícios, *rejeitar* o consumismo, *respeitar* todos os seres e *reflorestar* o mais possível etc.

Muitas empresas e até redes delas, como o *Instituto Ethos de Responsabilidade Social* (no Brasil reúne algumas centenas de empresas), comprometeram-se com a responsabilidade social; a produção não deve apenas beneficiar os acionistas, mas toda a sociedade, especialmente aqueles estratos socialmente mais penalizados. Mas não basta a responsabilidade social, pois a sociedade não pode ser pensada sem a sua interface com a natureza, da qual é um subsistema e de cujos recursos as empresas vivem. Daí se introduziu a responsabilidade socioambiental, com programas que têm por objetivo diminuir a pressão que a atividade produtiva e industrialista faz sobre a natureza e sobre a Terra como um todo. As inovações tecnológicas mais suaves e ecoamigáveis ajudaram neste propósito, mas sem, entretanto, mudar o rumo do crescimento e do desenvolvimento que implica a dominação da natureza.

Não é possível um impacto ambiental zero, pois toda geração de energia cobra algum custo ambiental. De mais a mais, é irrealizável, em termos absolutos, dada a finitude da realidade e os efeitos da entropia, que significa o lento e irrefreável desgaste de energia. Mas pelo menos o esforço deve orientar-se no sentido de proteger a natureza, de agir em sinergia com seus ritmos e não apenas não fazer-lhe mal; importante é restaurar sua vitalidade, dar-lhe descanso e devolver mais do que dela temos tirado, para que as gerações futuras possam ver garantidas as reservas naturais e culturais para o seu bem-viver.

Vamos submeter a uma análise crítica os vários modelos atuais que buscam a sustentabilidade. Na maioria dos casos a sustentabilidade apresentada é mais aparente que real. Mas, de todas as formas, há uma busca por ela, pois a maioria dos países e das empresas, por maiores que sejam, não se sente segura face aos rumos que está tomando a humanidade. Dão-se conta, crescentemente, de que não se poderá fazer economia de mudanças. Se queremos ter futuro, devemos aceitar transformações substanciais. A grande questão é como implementá-las, dado o fato de envolverem grandes interesses das potências centrais, das corporações multilaterais e mundiais que travam a vontade de definir novos rumos.

O cientista político franco-brasileiro Michael Löwy disse acertadamente: "Todos os faróis estão no vermelho: é evidente que a corrida louca atrás do lucro, a lógica produtivista e mercantil da civilização capitalista/industrial nos leva a um desastre ecológico de proporções incalculáveis; a dinâmica do crescimento infinito, induzido pela expansão capitalista, ameaça destruir os fundamentos naturais da vida humana no planeta (*Ecologia e socialismo*, 2005, p. 42).

Várias propostas vêm sendo formuladas, a maioria tentando salvar o tipo imperante de desenvolvimento, mas imprimindo-lhe um cariz sustentável, mesmo que aparente.

1 O modelo-padrão de desenvolvimento sustentável: sustentabilidade retórica

O Ocidente gestou, a partir da revolução científica do século XVI (Galileu Galilei, Descartes, Francis Bacon e outros) e aprofundada com a primeira Revolução Industrial (a partir de 1730 na Inglaterra), o grande ideal da Modernidade: o progresso ilimitado, construído mediante um processo industrial, produtor de bens de consumo em grande escala, às expensas da exploração sistemática da Terra, tida como um baú de recursos, sem espírito e entregue ao bel-prazer do ser humano. Gerou grande riqueza nos países centrais e colonizadores, e imensa desigualdade, pobreza e miséria nas periferias destes países e principalmente nos países colonizados. Este ideal e este tipo de sociedade foram globalizados e praticamente todas as sociedades do mundo atual se veem obrigadas a alinhar-se a eles, o que equivale a ocidentalizar-se. O decisivo é consumir, e para isso produzir de forma crescente, desconsiderando as externalidades (degradação da natureza e geração de desigualdades sociais, que não são computadas como custos).

Hoje, já distantes daqueles primórdios, apercebemo-nos que este processo capitalista/industrial/mercantil trouxe, indubitavelmente, grandes benefícios à humanidade, melhorou as condições da vida e da saúde, colocou os seres humanos com suas culturas em contato uns com os outros, encurtou distâncias, prolongou a vida, enfim, trouxe um sem-número de comodidades que vão da geladeira ao automóvel e ao avião, da luz elétrica à televisão e à internet.

Atualmente, tudo leva a crer que ele esgotou suas virtualidades e passou a ser altamente dilacerador dos laços sociais e destrutivo das bases que sustentam a vida. Esta vontade de superexploração da Terra nos fez sentir, nos últimos anos, os limites do nosso planeta, de seus recursos não renováveis e a percepção do mundo finito. Conclusão: um planeta finito não suporta um projeto infinito.

As duas pressuposições da Modernidade se mostraram ilusórias. A primeira de que os recursos naturais seriam *infinitos*, e agora sabemos que não o são. A segunda, de que poderíamos *infinitamente* rumar na direção do futuro, pois o progresso não padece limites; eis outra ilusão: se universalizarmos o atual bem-estar dos países industrializados para todos os demais países, precisaríamos de vários planetas Terra. Os dois infinitos foram e são, portanto, falácias que moveram mentes e corações por muitas gerações e nos conduziram à atual crise ambiental.

Mais e mais está surgindo o sentimento de urgência de que devemos mudar de rumo, se ainda quisermos viver. Grandes nomes da ciência nos têm dado alertas dramáticos sobre o que poderemos esperar caso não fizermos uma travessia bem-sucedida para outro paradigma de habitar o planeta. Cito apenas quatro, pois são da mais alta qualificação científica e gozam de grande credibilidade.

O primeiro, o astrônomo real do Reino Unido, Martin Rees: *Hora final: o desastre ambiental ameaça o futuro da humanidade*; as palavras não necessitam explicações.

O segundo, o mais famoso biólogo vivo, criador da palavra *biodiversidade*, Edward O. Wilson: *A criação — Como salvar a vida na Terra*; parte do pressuposto de que pesa grave ameaça à vida humana e à nossa civilização; segundo ele, somente uma aliança entre a religião e a ciência nos poderá salvar.

O terceiro, o conhecido geneticista francês Albert Jacquard, cujo livro diz tudo: *A contagem regressiva começou? (Le compte à rebours a-t-il commencé?*); um dos capítulos se intitula "A preparação do suicídio coletivo".

O quarto, James Lovelock, bioquímico e médico, autor da Teoria de Gaia, a Terra como um superorganismo vivo: *Gaia: alerta final,* prevê para o final do século o desaparecimento de grande parte da humanidade.

Todos eles nos advertem que o pior que nos pode acontecer é, como já dissemos, não fazermos nada. Então sim, nos colocaríamos à beira do abismo, que poderia significar o fim da espécie humana. Eles se deram conta dos impasses que a humanidade corre, tão bem expressos no Preâmbulo da Carta da Terra, por nós já referido anteriormente. Pedem e suplicam uma mudança de paradigma, uma definição de outro rumo da história.

Estas ameaças e estes riscos, que não podem ser ignorados ou subestimados, suscitaram a necessidade de se discutir a questão da sustentabilidade. Devemos produzir, sim, para atender as demandas humanas e também as da comunidade de vida. Mas sob que forma? Preocupados com a pergunta: Quanto posso ganhar? Ou como posso, ao produzir, estar em harmonia com a Terra, com as energias terrestres e cósmicas, com os outros, com o meu próprio coração e com a Última Realidade?

É na resposta a estas perguntas que se decide se nosso modo de produção, distribuição, consumo e tratamento dos resíduos é sustentável ou não.

Vejamos rapidamente o modelo-padrão de desenvolvimento sustentável como normalmente é pensado e buscado nas empresas e aparece nos discursos oficiais.

Para ser sustentável o desenvolvimento deve ser economicamente viável, socialmente justo e ambientalmente correto.

É o famoso tripé chamado de *Triple Bottom Line* (a linha das três pilastras) que deve garantir a sustentabilidade. O conceito foi criado em 1990 pelo britânico John Elkington, fundador da ONG *SustainAbility*, que se propõe exatamente a divulgar estes três momentos como necessários a todo desenvolvimento sustentável. Ele usou também outra expressão: os três "pês", *Profit, People, Planet* (produto/renda, população e planeta), como sustentáculos da sustentabilidade. Outros lhe dão outra formulação de natureza mais operacional, enfatizando o envolvimento e entrosamento de um outro famoso tripé: poder de Estado (política), setor produtivo (empresariado) e sociedade civil (consumidores da sociedade em geral).

Analisemos criticamente a primeira formulação em cada um dos enunciados.

• *Desenvolvimento economicamente viável*: na compreensão e na linguagem política dos governos e das empresas, desenvolvimento é medido pelo aumento do Produto Interno Bruto (PIB), pelo crescimento econômico, pela modernização industrial, pelo progresso tecnológico, pela acumulação crescente de bens e serviços, pelo aumento da renda das empresas e das pessoas. Ai da empresa e do país que não ostentem taxas positivas de crescimento anual! Entram em crise, em recessão e em estagnação, ou até vão à falência, suscitando o fantasma da desestabilização social por causa dos altos índices de desemprego.

Pelo visto, trata-se aqui de uma *quantidade* que deve sempre crescer. Desenvolvimento, na prática, é sinônimo de crescimento material. Não nos iludamos: no mundo empresarial e dos negócios, o importante é ganhar dinheiro com o menor investimento possível, com a máxima rentabilidade possível, com a concorrência mais agressiva possível e no menor tempo possível.

O Papa Francisco em sua encíclica *Laudato Si'* é contundente ao desmascarar esta visão, ao escrever:

> Do paradigma tecnocrático se deriva a ideia de um crescimento infinito e ilimitado, que tanto entusiasmou os teóricos das finanças e da tecnologia. Isto

supõe a mentira da disponibilidade infinita dos bens do planeta, que leva a "espremê-lo" até o limite e para além deste. Trata-se do falso pressuposto de que existe uma quantidade ilimitada de energia, de recursos a serem utilizados, que a sua regeneração é possível de imediato e que os efeitos negativos das manipulações da ordem natural podem ser facilmente absorvidos (n. 106).

Para os países ricos do mundo o papa sustenta que, "diante do ganancioso e irresponsável crescimento que se verificou ao longo de muitas décadas, devemos pensar em reduzir um pouco a marcha, pôr alguns limites razoáveis e até retroceder antes que seja tarde" (n. 193).

Entretanto, essa mudança de estratégia não é compatível com a voracidade do desenvolvimento em moldes capitalistas.

Quando falamos de desenvolvimento não é qualquer um, mas o realmente existente, isto é, aquele industrialista/capitalista/consumista. Este é antropocêntrico, contraditório e equivocado. Explico-me.

É *antropocêntrico*, pois está centrado somente no ser humano, como se não existisse a comunidade de vida (flora, fauna e outros organismos vivos) também criada pela Mãe Terra e que igualmente precisa da biosfera e demanda sustentabilidade. Em grande parte, dependemos dos demais seres que devem também ser contemplados para que o desenvolvimento seja, realmente, sustentável. É o defeito de todas as definições dos organismos da ONU, o de serem exclusivamente antropocêntricas e pensarem o ser humano acima da natureza ou fora dela, como se não fosse parte dela.

É *contraditório*, pois desenvolvimento e sustentabilidade obedecem a lógicas diferentes e que se contrapõem. O desenvolvimento, como vimos, é linear, deve ser crescente, supondo a exploração da natureza, gerando profundas desigualdades – riqueza de um lado e pobreza do outro – e privilegia a acumulação individual. Portanto, é um termo que vem do campo da economia política industrialista/capitalista.

A categoria *sustentabilidade*, ao contrário, provém do âmbito da biologia e da ecologia, cuja lógica é circular e includente. Representa a tendência dos ecossistemas ao equilíbrio dinâmico, à cooperação e à coevolução, e responde pelas interdependências de todos com todos, garantindo a inclusão de cada um, até dos mais fracos.

Se esta compreensão for correta, então fica claro que *sustentabilidade* e *desenvolvimento* configuram uma contradição nos próprios termos. Eles têm lógicas que se autonegam: uma privilegia o indivíduo, a outra o coletivo; uma enfatiza a competição, a outra a cooperação; uma a evolução do mais apto, a outra a coevolução de todos juntos e inter-relacionados.

É *equivocado*, porque alega como causa aquilo que é efeito. Alega que a pobreza é a principal causa da degradação ecológica. Portanto, seríamos tentados a pensar: quanto menos pobreza, mais desenvolvimento sustentável e menos degradação, o que efetivamente não é assim.

O Papa Francisco denuncia este tipo de pensamento como francamente ideológico:

> Em alguns círculos, defende-se que a economia atual e a tecnologia resolverão todos os problemas ambientais, do mesmo modo que se afirma, com linguagens não acadêmicas, que os problemas da fome e da miséria do mundo serão resolvidos simplesmente com o crescimento do mercado... Muitas vezes a qualidade real da vida das pessoas diminui pela deteriorização do ambiente, pela baixa qualidade dos produtos alimentares ou pelo esgotamento de alguns recursos no contexto de um crescimento da economia. Então, muitas vezes, o discurso do crescimento sustentável torna-se um álibi e um meio de justificação que absorve valores do discurso ecologista (n .109 e 194).

Analisando, porém, criticamente, as causas reais da pobreza e da degradação da natureza, vê-se que resultam, não exclusivamente, mas principalmente, do tipo de desenvolvimento industrialista/capitalista praticado. Ele é que produz degradação, pois dilapida a natureza em seus recursos e explora a força de trabalho, pagando baixos salários e gerando assim pobreza e exclusão social.

É por esta razão que a utilização política da expressão *desenvolvimento sustentável* representa uma armadilha do sistema imperante: assume os termos da ecologia (sustentabilidade) para esvaziá-los e assume o ideal da economia (crescimento/desenvolvimento), mascarando, porém, a pobreza que ele mesmo produz.

• *Socialmente justo*: se há uma coisa que o atual desenvolvimento industrial/capitalista não pode dizer de si mesmo é que seja socialmente justo. Não precisamos repetir os dados anteriormente referidos que denunciam as injustiças mundiais que clamam ao céu. Fiquemos apenas com o caso de nosso país.

O *Atlas Social do Brasil* de 2010, publicado pelo Ipea, mostra que cinco mil famílias controlam 46% do PIB. Jessé Souza, também do Ipea, mostrou que 171 mil pessoas (0,05 da população) constituem os super-ricos que são os donos do dinheiro e também os donos do poder.

O governo repassa anualmente 150 bilhões de reais aos bancos e ao sistema financeiro para pagar com juros os empréstimos feitos e aplica apenas 50 bilhões para os programas sociais destinados a beneficiar, de maneira insuficiente, as grandes maiorias pobres (*Bolsa família, Luz para todos, Minha casa, minha vida, Crédito consignado* e outros). O regime de terras é um dos mais escandalosos do mundo, porque 1% da população detém 48% de todas as terras. Tudo isso denuncia a falsidade da retórica de um desenvolvimento socialmente justo, impossível dentro do atual paradigma de produção e consumo.

Mas há um ideal de sustentabilidade que vale a pena ser considerado, embora exista, por ora, apenas como ideal e não como prática. Ele se encontra na Declaração da ONU sobre o *Direito dos Povos ao Desenvolvimento*, de 1993. Ali se compreende o desenvolvimento em sua dimensão integral:

> *O desenvolvimento é um processo econômico, social, cultural e político abrangente, que visa ao constante melhoramento do bem-estar de toda a população e de cada indivíduo, na base da sua participação ativa, livre e significativa no desenvolvimento e na justa distribuição dos benefícios resultantes dele.*

Nós, a bem de uma visão mais holística do ser humano, acrescentaríamos ainda as dimensões *psicológica* e *espiritual*.

• *Ambientalmente correto*: as referências feitas à economia valem, com mais razão, para o ambiente. O atual desenvolvimento se faz movendo uma guerra irrefreável contra Gaia, arrancando dela tudo o que lhe for útil e objeto de lucro, especialmente para aquelas minorias que controlam o processo. A biodiversidade global sofreu uma queda de 30% em menos de quarenta anos, segundo o Índice do Planeta Vivo da ONU (2010). Apenas de 1998 para cá houve um salto de 35% nas emissões de gases de efeito estufa.

O assalto aos *commons*, quer dizer, aos bens comuns (água, solos, ar puro, sementes, comunicação, saúde, educação entre outros) privatizados por grandes corporações nacionais e multinacionais, está depauperando de forma perigosa a Mãe Terra, cada vez mais incapaz de se autorregenerar. O processo de produção de bens necessários para a vida e dos supérfluos que formam a grande maioria dos produtos é tudo, menos ambientalmente correto. Ao invés de falarmos dos limites do crescimento deveríamos falar dos limites da agressão à Terra e a todos os seus ecossistemas.

Se aumentar excessivamente a falta de cuidado dos equilíbrios ecológicos e dos níveis de agressão e devastação, poderemos contar com o destino de uma célula cancerígena: será extirpada do organismo Terra pela própria Terra para salvar as condições bioquímicas e físicas indispensáveis para os demais seres vivos que ela gera e sustenta.

Em *conclusão*, no modelo-padrão de desenvolvimento que se quer sustentável, o discurso da sustentabilidade é vazio e retórico.

Aqui e acolá se verificam avanços no sentido da produção em níveis de mais baixo carbono, utilização de energias alternativas, reflorestamento de regiões degradadas e a criação de melhores sumidouros de dejetos, mas reparemos bem: tudo é realizado desde que não se afetem os lucros, não se enfraqueça a competição e não se prejudiquem as inovações tecnológicas. Aqui a utilização da expressão "desenvolvimento sustentável" possui uma significação política importante: representa uma maneira hábil de desviar a atenção para os reais problemas, que são a injustiça social nacional e mundial, o aquecimento global crescente e as ameaças que pairam sobre a sobrevivência de nossa civilização e da espécie humana.

2 Melhorias no modelo-padrão de sustentabilidade

Mas devemos ser justos. Houve analistas e pensadores que se deram conta de um vazio neste tripé. Ele não contém elementos humanísticos e éticos. Daí que, aceitando as três pilastras – o econômico, o social e o ambiental – acrescentaram-lhes outras pilastras complementares.

• *Gestão da mente sustentável*: para que exista um desenvolvimento sustentável deve previamente se construir um novo *design mental*, chamado por seu formulador, o Prof. Evandro Vieira Ouriques, da Escola de Comunicação da Universidade Federal do Rio de Janeiro, de *gestão da mente sustentável*. Ele tenta resgatar o valor da razão sensível pela qual o ser humano se sente parte da natureza, impõe-se um autocontrole para superar a compulsão pelo crescimento, pelo produtivismo e pelo consumismo. Aqui conta mais o desenvolvimento integral do ser humano, que envolve suas muitas dimensões, do que o crescimento meramente material.

Constata-se um avanço face à compreensão convencional. Mas, assim nos parece, não se assume ainda o novo paradigma de uma ecologia de transformação que entende Terra/humanidade/desenvolvimento como um único e grande sistema, como iremos ainda detalhar mais à frente.

• *Generosidade*: Rogério Ruschel, editor da revista eletrônica *Business do Bem*, acrescentou uma outra pilastra, indispensável para o desenvolvimento sustentável: a fecunda categoria ética da *generosidade*. Esta se funda num dado antropológico básico: o ser humano não é apenas egoísta, no sentido de se autoafirmar, buscando seu bem particular, mas fundamentalmente é um ser social que coloca os bens comuns acima dos particulares ou que põe os interesses dos outros no mesmo nível de seus próprios interesses. Generoso é aquele que comparte, que distribui conhecimentos e experiências sem esperar nada em troca. Já os clássicos da filosofia política, como Platão e Rousseau, afirmavam que uma sociedade não pode fundar-se apenas sobre a justiça. Ela se tornaria inflexível e cruel. Ela deve viver também da generosidade dos cidadãos, de seu espírito de cooperação e de solidariedade voluntária.

Para Ruschel a *generosidade* se opõe diretamente ao lema básico das bolsas e do capital especultativo do *greed is good*, isto é, boa é a ganância. Ela não é boa, mas perversa, como o tem mostrado a crise econômico-financeira das bolsas e dos bancos dos países centrais de 2008 e 2011, quando a ganância teria afundado o sistema econômico mundial se não tivesse ocorrido a intervenção (antes por eles sempre condenada) dos Estados, que, com o dinheiro público dos contribuintes, salvaram as empresas privadas e os grandes bancos.

Nesta pilastra há algo de verdadeiro que deve ser retido e importa incluí-lo em qualquer outro software social ou novo paradigma de produção e consumo. Ele se distingue, na feliz metáfora do jornalista Marcondes, da ONG *Envolverde*, da simples *filantropia* que dá o peixe ao faminto; distingue-se também da mera *responsabilidade social* das empresas que ensinam a pescar; ele postula a *sustentabilidade*, que é a preservação do rio que permite pescar e com o peixe matar a fome. A generosidade recobre estas áreas. Entretanto, somente ela é insuficiente, pois a sustentabilidade demanda outras dimensões que vão além da necessária generosidade, como ainda detalharemos. Mas, importa reconhecer, sem ela nenhum desenvolvimento guardará rosto humano.

• *Cultura*: em 2001 o australiano John Hawkes lançou "o quarto pilar da sustentabilidade: a função essencial da cultura no planejamento público". Essa ideia ganhou boa acolhida internacional, especialmente quando em Joanesburgo, na Rio+10, em 2002, o presidente francês Jacques Chirac a assumiu em seu pronunciamento oficial. No Brasil foi mérito de Ana Carla Fonseca Reis, fundadora da empresa "Garimpo de Soluções" e autora do livro *Economia da cultura e desenvolvimento sustentável*, assumir a categoria cultura, enriquecê-la e difundi-la em inúmeros cursos e palestras.

Este dado da cultura é fundamental, porque é muito mais vasto do que o de desenvolvimento/crescimento, pois encerra a coesão social, valores, processos de comunicação e diálogo e favorece o cultivo das dimensões tipicamente humanas como a arte, a religião, a criatividade, as ciências e outras tantas formas de expressão estética. Aqui se deixa para trás a obsessão pelo lucro e pelo crescimento material, abrindo espaço para uma forma de habitar a Terra que condiz melhor com a natureza humana que sempre produz cultura, também na área da produção e do consumo. Esta dimensão da cultura, entretanto, não pode ser tomada em separado das outras dimensões, mas será seguramente uma das fontes a partir das quais beberá um novo paradigma de convivência. Então, sim, o desenvolvimento poderá ser considerado sustentável.

• *A neuroplasticidade do cérebro*: esta pilastra está ainda em fase de elaboração por pessoas que trabalham a relação cérebro/mente. Dão-se conta de que a estrutura neural do cérebro é extremamente plástica e que, assumidos certos comportamentos críticos face ao sistema industrialista/consumista, pode gerar hábitos de moderação, de consumo solidário, consciente e respeitador dos ciclos da natureza. Este é um campo de vasta investigação ainda inicial, mas que pode oferecer boas possibilidades de um desenvolvimento social que, sendo justo e sustentável, repercute na mente que coevolui junto com o processo global de um mundo mais sustentável.

Cuidado essencial: eu mesmo desenvolvi a categoria "cuidado" como essencial para a sustentabilidade. Entendo o cuidado como o expus em dois textos: *Saber cuidar: ética do humano, compaixão pela Terra* e *O cuidado necessário*, não como adjetivo que pode estar presente ou não. Entendo o cuidado como substantivo, quer dizer, como um dado ontológico e uma constante para todos os organismos vivos. Sem cuidado não teriam sua existência garantida e sustentada. Especialmente, o ser humano, consoante um mito antigo, vem entendido como essencialmente fruto do cuidado. Ele vive a partir do cuidado essencial que é aquela precondição sem a qual não irromperia nenhum ser e representa o orientador antecipado de toda ação para que seja benéfica. O cuidado estava presente já no primeiro momento da criação, quando as energias e elementos primordiais se equilibraram com um cuidado tão sutil que permitiram que estivéssemos aqui para falar destas coisas. Sem o cuidado a nossa realidade não teria subsistido ou seria outra coisa. Sobre esta dimensão voltaremos mais adiante.

3 O modelo do neocapitalismo: ausência de sustentabilidade

As críticas ao modelo-padrão propiciou o nascimento do *neocapitalismo*, um capitalismo modificado de viés neokeynesiano, vale dizer, que aceita regulações por parte do Estado, consciente de que o mercado, deixado por si mesmo, segue sua lógica concorrencial, o que o torna um fator de permanente tensão e desequilíbrio.

O economista Ken Rosen, da Universidade de Berkeley, observou, referindo-se à atual crise econômico-financeira: "nós, norte-americanos, gastávamos um dinheiro que não tínhamos em coisas das quais não precisávamos; o modelo dos Estados Unidos está errado; se o mundo todo utilizasse esse modelo, nós não teríamos mais chances de sobreviver" (*O Globo* 01/02/09, p. 4). Passados já vários anos da irrupção da grande crise nos Estados Unidos e na Europa, ocorrida a partir de 2007, podemos constatar que esse capitalismo basicamente não se reformulou, pois se subtraiu às regulações estatais e segue, impávido, no seu afã de acumulação à base da especulação financeira ou do consumo perdulário (67% do PIB norte-americano não vêm da produção interna, mas do consumo de produtos, geralmente importados da China). Este modelo não possui sustentabilidade alguma, pois continua extraindo, de forma indiscriminada, insumos da natureza e criando perversas desigualdades sociais.

4 O modelo do capitalismo natural: a sustentabilidade enganosa

O terceiro modelo se apresenta sob o nome questionável de *capitalismo natural*. À primeira vista parece contraditório, pois o capitalismo, por sua lógica, coloca-se numa posição de domínio sobre a natureza, interfere em seus ciclos e explora seus recursos sem se preocupar com as condições de sua regeneração e reposição, consideradas como *externalidades* que não entram no cômputo das perdas e dos lucros. Mesmo sendo hostil à natureza, pretende incorporar em seu processo econômico os fluxos biológicos.

Sugere as seguintes estratégias que visam conferir-lhe alguma sustentabilidade: aumentar a produtividade da natureza com melhor utilização dos espaços e com insumos químicos; imitar os modelos biológicos para que os processos produtivos sejam mais eficazes e sustentáveis; buscar produtos biodegradáveis ou que possam ser reutilizados; vender mais serviços e inovações tecnológicas que produtos; buscar em tudo ecoeficiência, que implica monitorar permanentemente os recursos utilizados, como energia, água, madeira, metais e fazendo o reuso dos dejetos.

Este modelo é tentador, pois dá a impressão de estar em consonância com a natureza, quando, na verdade, considera-a como mero repositório de recursos para fins econômicos, sem entendê-la como uma realidade viva, subsistente, com valor intrínseco, que exige respeitar seus limites e, por isso, o ser humano deve sentir-se parte dela e ser responsável por sua vitalidade e integridade.

5 O modelo da economia verde: a sustentabilidade fraca

O quarto modelo vem sob o nome de *economia verde*. Ela foi oficialmente apresentada no dia 22 de fevereiro de 2009 pelo secretário da ONU Ban Ki Moon em parceria com o ex-vice-presidente dos Estados Unidos, Albert Arnold Gore Jr. (Al Gore), conhecido por seu documentário acerca da situação de caos da Terra *Uma verdade incômoda* (*Folha de S. Paulo* 22/02/09, p. 3). A *economia verde* possui uma pré-história sinistra. Aquelas indústrias que durante a Segunda Guerra Mundial produziam produtos químicos para matar pessoas, acabada a guerra, para não perderem seus negócios, redirecionaram os produtos químicos para a agricultura. Elas adaptaram as plantas para que se "viciassem" naqueles venenos e assim eliminassem pragas e produzissem mais. Efetivamente produziram mais, mas à custa do envenenamento dos solos, da contaminação dos níveis freáticos das águas e do empobrecimento da biodiversidade.

Esquecida destas origens críticas, a economia verde se autoproclama como uma nova via que enlaça economia e ecologia de forma harmoniosa; portanto, uma economia que atende nossas necessidades (sustentável) e que preserva o mais possível o capital natural. Ela propõe um objetivo audacioso, apoiado em dois pés: um que visa a beneficiar os pobres e os pequenos agricultores, oferecendo-lhes meios tecnológicos modernos, sementes e crédito. O segundo pé é constituído por uma produção de baixo carbono, com os produtos orgânicos, energia solar e eólica; cria parques nacionais remotos, pousadas ecoturísticas no meio da selva e procura diminuir o mais possível a intervenção nos ritmos da natureza; busca a reposição dos bens utilizados e a reciclagem de todos os rejeitos.

Não obstante todos os fatores positivos que a economia verde encerra, não devemos perder de vista seu momento ideológico. Fala-se de economia verde para, no fundo, evitar a questão principal, que é a da sustentabilidade, incompatível com o atual modo de produção e consumo que, como consideramos, é altamente insustentável. Na economia verde não se explica sob que modo de produção alternativo ela se realiza. Pretende substituir a economia marrom (suja: energia fóssil) pela verde (limpa: energia solar, eólica), contanto que sejam mantidos os padrões de consumo.

Nós diríamos que para os países desenvolvidos deve-se superar o fetiche do *desenvolvimento/crescimento sustentável* a todo custo, e em seu lugar implementar uma visão ecológico-social: a *prosperidade sem crescimento* (melhorar a qualidade de vida, a educação, os bens intangíveis) e estabilizar o crescimento para permitir que os países pobres (80%) possam ter *prosperidade com crescimento* para satisfazer as necessidades de suas populações empobrecidas sem cair na cultura do consumismo, o que exige todo um processo de educação social.

A outra questão intocada pela economia verde é aquela da *desigualdade*. Esta não deve ser reduzida apenas ao seu aspecto econômico (má distribuição dos benefícios monetários), mas desigualdade num sentido mais amplo: no acesso aos bens fundamentais como saneamento básico, saúde, educação, equilíbrio de gênero e ausência de descriminações. Pode-se acabar com a pobreza dentro de um país, e, apesar disso, manter os níveis de desigualdade, como é o caso do Brasil. A América Latina é mais rica que a África, mas a África é menos desigual que a América Latina.

Sem a superação da desigualdade e sem um controle no crescimento (para poupar a Terra e para que todos possam ter prosperidade) nunca se poderá chegar à sustentabilidade, mesmo na versão verde. Ela ficará sempre ilusória (veja a entrevista do Prof. José Eli da Veiga, do Instituto de Pesquisas Ecológicas da USP,

05/01/11, p. 22. • SAWYER, D. "Economia verde e/ou desenvolvimento sustentável". *Eco-21*, n. 177, 2011, p. 14-17).

Ademais, não existe o verde e o não verde. Todos os produtos contêm, nas várias fases de sua produção, inúmeros elementos tóxicos, danosos à saúde da Terra e da sociedade. Hoje, pelo método da Análise do Ciclo de Vida (ACV), podemos exibir e monitorar as complexas inter-relações entre as várias etapas: da extração, do transporte, da produção, do uso e do descarte de cada produto e seus impactos ambientais. Aí fica claro que o pretendido verde não é tão verde assim. O verde representa apenas uma etapa de todo um processo. A produção em si nunca é de todo ecoamigável.

Tomemos como exemplo o etanol, dado como energia limpa e alternativa à energia fóssil e suja do petróleo. Ele é limpo somente na boca da bomba de abastecimento. Todo o processo de sua produção é altamente poluidor: os agrotóxicos aplicados ao solo, as queimadas, o transporte com grandes caminhões que emitem gases, as emissões das fábricas, os efluentes líquidos e o bagaço. Os pesticidas eliminam bactérias e expulsam as minhocas, que são fundamentais para a regeneração dos solos; elas só voltam depois de cinco anos. A economia verde só tem sentido no contexto de uma sustentabilidade substantiva que respeita os ciclos da natureza e reduz a pobreza.

O *verde* pode servir de elemento despistador, colocando o foco, por exemplo, na Amazônia verde, em detrimento de outros biomas e das zonas urbanas, onde vive grande parte da população com problemas graves de poluição, de segurança e de transporte.

Para garantirmos uma produção, necessária à vida, que não estresse e degrade a natureza, precisamos mais do que a busca do verde. Como já vimos e iremos aprofundar ainda, a crise é conceitual, e não econômica. A relação para com a Terra tem que mudar, e mudarem também as relações sociais para que não sejam demasiadamente desiguais. Somos parte da sociedade e parte de Gaia, e por nossa atuação cuidadosa a tornamos mais consciente e com mais chance de assegurar a sua própria vitalidade. Por fim, a ecologia verde, pensada no quadro da atual economia, pode significar o último assalto do ser humano e das grandes corporações sobre os bens e serviços da natureza. Especificando: pode-se ganhar dinheiro não somente com a manutenção da Floresta Amazônica ou do Cerrado em pé. Agora procura-se ganhar vendendo o nível de umidade da floresta (os rios volantes) e a imensa biodiversidade lá existente. Pode-se ganhar com a venda do mel das abelhas. Mas também negociando a capacidade de polinização que elas possuem.

Desta forma não se preserva a sacralidade dos elementos diretamente ligados à vida que não podem ir para o mercado. A esse respeito escreveu com razão o Papa Francisco na já citada encíclica *Laudato Si'*:

> Hoje, crentes e não crentes estão de acordo que a terra é, essencialmente, uma herança comum, cujos frutos devem beneficiar a todos... Por conseguinte, toda abordagem ecológica deve integrar uma perspectiva social que tenha em conta os direitos fundamentais dos mais desfavorecidos. O princípio da subordinação da propriedade privada ao destino universal dos bens, e, consequentemente, o direito universal ao seu uso é uma "regra de ouro" do comportamento social e o "primeiro princípio" de toda ordem ético-social... O meio ambiente é um bem coletivo, patrimônio de toda a humanidade e responsabilidade de todos. Quem possui uma parte é apenas para administrar em benefício de todos. Se não o fizermos, carregamos na consciência o peso de negar a existências dos outros (n. 93 e 95).

6 O modelo do ecossocialismo: a sustentabilidade insuficiente

O quinto modelo, o *ecossocialismo*, apresenta-se como uma alternativa radical e prática ao sistema do capital. Mas há que distinguir o ecossocialismo do socialismo real que afundou com a queda do Muro de Berlim. Tem a ver com um socialismo novo que critica tanto a economia capitalista de mercado quanto o socialismo produtivista, pois ambos possuem em comum o fato de desconsiderarem os limites da Terra (veja o "II Manifesto Internacional". *Declaração de Belém*, 27/02/09. • LÖWY, M. *Ecologia e socialismo*, 2005).

A alternativa ecossocialista que ainda se apresenta na qualidade de proposta, não sendo ainda implementada em nenhum país, visa uma produção respeitosa para com os ritmos da natureza e favorece uma economia humanística, fundada em valores não monetários como a justiça social, a equidade, o resgate da dignidade do trabalho, degradado a mercadoria-salário, no valor de uso ao invés do valor de troca e na mudança de critérios político-econômicos quantitativos para qualitativos. Os ecossocialistas afirmam que o ar puro, a água, o solo fértil, bem como o acesso universal a alimentos sem agrotóxicos e às fontes de energia renováveis, não poluidoras, pertencem aos direitos naturais e básicos de todo ser humano, no quadro de uma real democracia social na qual o povo conscientizado e organizado participa na tomada de decisões que interessam a todos.

Inegavelmente, a proposta ecossocialista é generosa e atenta à sustentabilidade ambiental e social. É portadora das melhores esperanças de milhões de pessoas. Lamentavelmente não possui ainda uma base social suficientemente forte para triunfar sobre o modo de produção industrialista e sobre a cultura capitalista. Talvez, ao se agravar a crise civilizacional, o ecossocialismo se apresente como uma alternativa político-humanitária das mais viáveis porque sensível à natureza e à vida de todos os seres humanos, chamados a serem coiguais e sócios da mesma aventura planetária.

Mas esta proposta, a nosso ver, situa-se ainda dentro do antigo paradigma que não percebe a unidade ser humano-Terra-universo, nem a vê como um superorganismo vivo, Gaia, geradora de toda a corrente da vida da qual nós somos um elo decisivo, ético e espiritual.

7 O modelo do ecodesenvolvimento ou da bioeconomia: sustentabilidade possível

Um dos primeiros a verem a relação intrínseca entre economia e biologia foi o matemático e economista romeno Nicholas Georgescu Roegen (1906-1994). Contra o pensamento dominante, este autor, já nos anos 60 do século passado, chamava atenção para a insustentabilidade do crescimento devido aos limites dos recursos da Terra. Começou-se a falar de "decrescimento econômico para a sustentabilidade ambiental e a equidade social" (www.degrowth.net). Esse decrescimento, melhor seria chamá-lo de "acrescimento", significa reduzir o crescimento quantitativo para dar mais importância ao qualitativo, no sentido de preservar recursos que serão necessários às futuras gerações. A bioeconomia é, na verdade, um subsistema do sistema da natureza, sempre limitada, e, por isso, objeto do permanente cuidado do ser humano. A economia deve acompanhar e atender os níveis de preservação e regeneração da natureza (veja um bom resumo das teses de Roegen na entrevista de Andrei Cechin dada à IHU (28/10/11)).

Modelo semelhante, chamado de *ecodesenvolvimento*, vem sendo proposto entre outros, mas especialmente por Ignacy

Sachs, um polonês, naturalizado francês e brasileiro por amor. Veio ao Brasil em 1941, trabalhou vários anos aqui e atualmente mantém um centro de estudos brasileiros na Universidade de Paris. É um economista que a partir de 1980 despertou para a questão ecológica e, possivelmente, o primeiro que reflete a partir do contexto criado pelo Antropoceno. Vale dizer, no contexto da pressão muito forte que as atividades humanas fazem sobre os ecossistemas e sobre o Planeta Terra, a ponto de levá-lo a perder seu equilíbrio sistêmico que se revela pelo aquecimento global. O Antropoceno inauguraria, então, uma nova era geológica que teria o ser humano como centro e fator de risco global, um perigoso meteoro rasante e avassalador. Sachs leva em conta esse dado novo no discurso ecológico-social.

Suas análises combinam economia, ecologia, democracia, justiça e inclusão social. Daí nasce um conceito de sustentabilidade possível, ainda dentro dos constrangimentos impostos pela predominância do modo de produção industrialista, consumista, individualista, predador e poluidor.

Sachs está convencido de que não se alcançará uma sustentabilidade aceitável se não houver uma sensível diminuição das desigualdades sociais, a incorporação da cidadania como participação popular no jogo democrático, respeito às diferenças culturais e a introdução de valores éticos de respeito a toda vida e um cuidado permanente do meio ambiente. Preenchidos estes quesitos, criar-se-iam as condições de um ecodesenvolvimento sustentável.

A sustentabilidade exige certa equidade social, isto é, "nivelamento médio entre países ricos e pobres", e uma distribuição mais ou menos homogênea dos custos e dos benefícios do desenvolvimento. Assim, por exemplo, os países mais pobres têm direito de expandir mais sua pegada ecológica (quanto precisam de terra, água, nutrientes, energia...) para atender suas demandas, enquanto os mais ricos devem reduzi-la ou controlá-la. Não se trata de assumir a tese discutível do decrescimento, mas de conferir outro rumo ao desenvolvimento, descarbonizando a produção, reduzindo o impacto ambiental e propiciando a vigência de valores intangíveis como a generosidade, a cooperação, a solidariedade e a compaixão. Enfaticamente repete Sachs que a solidariedade é um dado essencial ao fenômeno humano. O individualismo cruel que estamos assistindo nos dias de hoje é expressão da concorrência sem freio e da ganância de acumular. Significa uma excrescência que destrói os laços da convivência e assim torna a sociedade fatalmente insustentável.

É dele a bela expressão de uma "biocivilização", uma civilização que dá centralidade à vida, à Terra, aos ecossistemas e a cada pessoa. Daí se alimenta o esperançoso sonho de uma "Terra da Boa Esperança" (veja *Ecodesenvolvimento: crescer sem destruir*, 1986, e a entrevista em *Carta Maior*, 29/08/11).

No Brasil é o Prof. Ladislau Dowbor da PUC de São Paulo que apresenta reflexões na linha de Sachs, postulando uma democracia econômica (*Democracia econômica: alternativas de gestão social*, 2008) na qual o crescimento deve ser *sustentável* (o que o planeta pode aguentar a longo prazo), *suficiente* (atender as necessidades sem destruir as bases da reprodução da vida), *eficiente* (usar os recursos minimizando os impactos e os desperdícios), *equânime* (que distribua entre todos os ônus e os benefícios).

Estas propostas nos parecem das mais exequíveis e responsáveis face aos riscos que correm o planeta e o futuro da espécie humana. Apenas observamos que em Sachs, mas menos em Dowbor, não se percebe ainda claramente a força argumentativa que vem da nova cosmologia e da ecologia da transformação, como iremos expor mais à frente. Mas suas propostas merecem consideração, dada a sua viabilidade.

8 O modelo da economia solidária: a microssustentabilidade viável

O sétimo modelo, a *economia solidária*, é o que melhor realiza o conceito de sustentabilidade em direta oposição ao sistema mundialmente imperante. Na verdade, ela sempre existiu na humanidade, pois a solidariedade constitui uma das bases que sustentam as sociedades humanas. Mas já na primeira Revolução Industrial na Inglaterra ela surgiu como reação à superexploração capitalista. Apareceu no final do século XVIII e inícios do XIX sob o nome de cooperativismo.

Neste tipo de economia o centro fulcral é ocupado pelo ser humano e não pelo capital, pelo trabalho como ação criadora e não como mercadoria paga pelo salário, pela solidariedade e não pela competição, pela autogestão democrática e não pela centralização de poder dos patrões, pela melhoria da qualidade de vida e do trabalho e não pela maximalização do lucro, pelo desenvolvimento local em primeiro lugar e, em seguida, o global.

A economia solidária se apresenta como alternativa à economia capitalista, mais ainda, como uma economia pós-capitalista (veja MANCE, E. *A revolução das redes – Colaboração solidária como alternativa pós-capitalista*, 1999), porque se inscreve dentro da Era do Ecozoico e não apenas no Tecnozoico; é movida pelos ideais éticos de preservação de todo tipo de vida e de criação das condições para o bem-viver de todos. Ela pode ser entendida, como o faz um de seus teóricos e presidente nacional da Secretaria para o Desenvolvimento Solidário, Paul Singer, "como um jeito de produzir, vender, comprar, consumir e trocar sem explorar, sem querer vantagens e sem destruir a natureza" (*Introdução à economia solidária*, 2002. • *Economia solidária no Brasil*, 2003).

Este modelo se concretiza mediante as cooperativas de produção e consumo, pelos fundos rotativos de crédito, pelas ecovilas, pelo banco de sementes criolas, pelas redes de lojas de comércio justo e solidário, pela criação de incubadoras de novas tecnologias em articulação com as universidades ou até pela recuperação de empresas falidas e gestionadas pelos próprios trabalhadores.

Este modelo não é, nem de longe, hegemônico, mas carrega a semente do futuro. A sociedade mundial, na medida em que mais e mais sente os limites do planeta e percebe a impossibilidade de levar avante o atual projeto planetário de molde capitalista e até o risco da extinção da espécie, verá neste modelo holístico de economia solidária que integra o humano, o social, o ético, o espiritual e o ambiental, uma saída salvadora para a história humana.

Uma variante desta economia solidária encontramos na assim chamada *Democracia econômica* (1996, com um prefácio de minha autoria), também conhecida como sistema econômico Prout (abreviação inglesa para Teoria da Utilização Progressiva), fundado pelo guru indiano Sarkar. A proposta básica é criar cooperativas cujo escopo é gerar um desenvolvimento integral do ser humano na sua dimensão física, mental e espiritual, apresentando-se conscientemente contra o excessivo materialismo da ordem do capital, produtora de desigualdades e injustiças. Seus propósitos se alinham à economia solidária, o que nos dispensa entrar em maiores detalhes.

9 O bem-viver dos povos andinos: a sustentabilidade desejada

Curiosamente nos vem dos povos originários uma proposta que poderá ser inspiradora de uma nova civilização focada no equilíbrio e na centralidade da vida. Os povos andinos, que vão desde a Patagônia até ao norte da América do Sul e do Caribe, os filhos e filhas de Abya Ayala (nome que se dava à América Latina que significava "terra boa e fértil"), são originários não tanto num sentido temporal (povos antigos), mas no sentido filosófico, quer dizer, aqueles que vão às origens primeiras da organização social da vida em comunhão com o universo e com a natureza.

O ideal que propõem é o *bem-viver* (*sumak kawsay* ou *suma qamaña*). O "bem-viver" não é o nosso "viver melhor" ou "qualidade de vida" que, para se realizar, muitos têm que viver pior e ter uma má qualidade de vida. O *bem-viver* andino visa uma ética da suficiência para toda a comunidade, e não apenas para o indivíduo. Pressupõe uma visão holística e integradora do ser humano inserido na grande comunidade terrenal que inclui, além do ser humano, o ar, a água, os solos, as montanhas, as árvores e os animais, o Sol, a Lua e as estrelas; é buscar um caminho de equilíbrio e estar em profunda comunhão com a *Pacha* (a energia universal), que se concentra na *Pachamama* (Terra), com as energias do universo e com Deus.

A preocupação central não é acumular. De mais a mais, a Mãe Terra nos fornece tudo que precisamos. Nosso trabalho supre o que ela não nos pode dar ou a ajudamos a produzir o suficiente e decente para todos, também para os animais e as plantas. *Bem-viver* é estar em permanente harmonia com o Todo, harmonia entre marido e mulher, entre todos na comunidade, celebrando os ritos sagrados que continuamente renovam a conexão cósmica e com Deus. Por isso, no *bem-viver* há uma clara dimensão espiritual com os valores que a acompanham, como o sentimento de pertença a um Todo, compaixão para com os que sofrem e solidariedade entre todos.

O *bem-viver* nos convida a não consumir mais do que o ecossistema pode suportar, a evitar a produção de resíduos que não podemos absorver com segurança e nos incita a reutilizar e reciclar tudo o que tivermos usado. Será um consumo reciclável e frugal. Então não haverá escassez.

A sabedoria aymara resume nestes valores o sentido do *bem--viver* (MAMMANI, F.H. *Vivier bien/Buen vivir*, 2010, p. 446-448): saber *comer* (alimentos sãos); saber *beber* (dando sempre um pouco à Pachamama); saber *dançar* (entrar numa relação cósmico-telúrica); saber *dormir* (com a cabeça ao norte e os pés ao sul); saber *trabalhar* (não como peso, mas como uma autorrealização); saber *meditar* (guardar tempos de silêncio para a introspecção); saber *pensar* (mais com o coração do que com a cabeça); saber *amar e ser amado* (manter a reciprocidade); saber *escutar* (não só com o ouvido, mas com o corpo todo, pois todos os seres enviam mensagens); saber *falar bem* (falar para construir, por isso atingindo o coração do interlocutor); saber *sonhar* (tudo começa com o sonho criando um projeto de vida); saber *caminhar* (nunca caminhamos sós, mas com o vento, o Sol e acompanhados pelos nossos ancestrais); saber *dar e receber* (a vida surge da interação de muitas forças, por isso dar e receber devem ser recíprocos, agradecer e bendizer).

Este conceito é tão central que entrou nas constituições da Bolívia e do Equador. Na Constituição deste último país, que entrou em vigor em 2008, no capítulo VII, que trata "dos direitos da natureza", diz-se belamente no artigo 71:

> A natureza ou a Pachamama, onde se reproduz e realiza a vida, tem direito a que se respeite integralmente sua existência, a manutenção e regeneração de seus ciclos vitais, estruturas, funções e processos evolutivos. Toda pessoa, comunidade, povo ou nacionalidade poderão exigir da autoridade pública o

cumprimento dos direitos da natureza [...]. O Estado incentivará as pessoas físicas ou jurídicas e as coletividades para que protejam a natureza e promoverá o respeito a todos os elementos que formam o ecossistema (veja DE MARZO, B. *Buen vivir: para una democracia de la Tierra*, 2010, p. 59).

Aqui encontramos em miniatura e de forma antecipada aquilo que provavelmente será o futuro da humanidade (veja o estudo detalhado de HOUTART, F. *El concepto de Sumak Kawsay y su correspondencia con el bien común de la humanidad*, pró-manuscrito, 2011). A crise generalizada que ameaça nossa vida e a habitabilidade da Terra nos levará necessariamente na direção desta visão e na vivência destes valores. Nossa proposta quer prolongar estas intuições na base da nova cosmologia e do novo paradigma de civilização.

O Butão, espremido entre a China e a Índia, aos pés do Himalaia, pratica há séculos um ideal semelhante ao dos povos andinos. Trata-se de um país muito pobre materialmente, mas que estatuiu oficialmente o "Índice de Felicidade Interna Bruta". Este não é medido por critérios quantitativos, mas qualitativos, como boa governança das autoridades, equitativa distribuição dos excedentes da agricultura de subsistência, da extração vegetal e da venda de energia para a Índia, boa saúde, nível de estresse e equilíbrio psicológico, boa educação e especialmente bom nível de cooperação de todos para garantir a paz social.

Estas expressões, embora seminais, revelam-nos que um outro mundo é possível e hoje necessário. Há uma porção da humanidade que não se deixou iludir pelo fetichismo da mercadoria e pela obsessão da riqueza, dominantes na atual fase da humanidade, mas guardou a sanidade básica que se encontra no profundo de cada pessoa e no conjunto das sociedades humanas.

Em *conclusão* podemos dizer: pouco importa a concepção que tivermos de sustentabilidade, a ideia motora é esta: não é correto, não é justo nem ético que, ao buscarmos os meios para a nossa subsistência, dilapidemos a natureza, destruamos biomas, envenenemos os solos, contaminemos as águas, poluamos os ares e destruamos o sutil equilíbrio do Sistema Terra e do Sistema Vida. Não é tolerável eticamente que sociedades particulares vivam às custas de outras sociedades ou de outras regiões, nem que a sociedade humana atual viva subtraindo das futuras gerações os meios necessários para poderem viver decentemente.

É imperioso superar igualmente todo antropocentrismo. Não se trata egoisticamente de garantir a vida humana, descurando a corrente e a comunidade de vida, da qual nós somos um elo e uma parte, a parte consciente, responsável, ética e espiritual. A sustentabilidade deve atender o inteiro Sistema Terra, o Sistema Vida e o Sistema Vida Humana. Sem esta ampla perspectiva o discurso da sustentabilidade permanecerá apenas discurso, quando a realidade nos urge à efetivação rápida e eficiente da sustentabilidade, a preço de perdermos nosso lugar neste pequeno e belo planeta, a única Casa Comum que temos para morar.

4

Causas da insustentabilidade da atual ordem ecológico-social

O balanço dos esforços por conferir sustentabilidade ao desenvolvimento não é promissor. Antes, ele nos obriga a pensar mais em alternativas, ainda dentro do paradigma atual. Precisamos, urgentemente, de um outro "modo sustentável de viver", na feliz expressão da Carta da Terra. Trata-se, sem mais nem menos, de chegar a um novo paradigma civilizatório que garanta a vitalidade da Terra e a perpetuidade da espécie humana. Vamos elencar os principais fatores que nos levaram à crise e que nos impedem de sair dela. Este tópico é importante para que, numa nova ordem, não repitamos os equívocos e erros do passado, mas nos convençamos de que temos, efetivamente, que mudar. O arsenal de recursos sistêmicos disponíveis são ineficazes e, no máximo, significa extrair mais deles. Por aí não há caminho.

1 Visão da Terra como coisa e baú de recursos

O espírito científico moderno, inaugurado no século XVI, começou introduzindo profundos dualismos: por um lado o ser humano, e por outro a natureza; por um lado Deus, e por outro a criação; por um lado a razão, e por outro o sentimento; por um lado a vida, e por outro os demais seres, tidos como inertes. Assim, a Terra foi vista como *res extensa* (uma coisa meramente extensa), uma realidade sem espírito e sem propósito. Ela representa um repositório inesgotável de recursos para a realização do progresso ilimitado.

Como ela não tem espírito e é uma coisa, não precisa ser respeitada e passa a ser objeto do uso e abuso humano. Com a utilização da razão instrumental-analítica que construiu a ciência moderna à base da física e da matemática, inventaram-se instrumentos cada vez mais eficazes e sofisticados que propiciaram a dominação dos ciclos naturais e uma sistemática intervenção nos bens e serviços que ela sempre teve em abundância. A Terra foi explorada e agredida em todas as frentes. Na verdade, moveu-se uma guerra total contra ela no intento de domesticá-la e colocá-la a serviço das vontades humanas. Levamos tão longe este propósito que ocupamos, devastando, 83% do planeta. Os 17% restantes representam as partes inacessíveis, como as grandes montanhas dos Andes, o complexo do Himalaia ou os interiores das grandes florestas tropicais.

O Papa Francisco em sua encíclica ecológica reportou-se ao cântico ao Irmão Sol de São Francisco de Assis, no qual revela uma relação de parentesco com todos os seres da criação, humanos e não humanos, chamando-os com o doce nome de irmãos e irmãs. Diz o Papa:

> Esse modo de falar, essa convicção não podem ser desvalorizados como romantismo irracional, pois influi nas opções que determinam o nosso comportamento. Se nos aproximarmos da natureza e do meio ambiente sem essa abertura para a admiração e o encanto, se deixarmos de falar a língua da fraternidade e da beleza na nossa relação com o mundo, então as nossas atitudes serão as do dominador, do consumidor ou de um mero explorador dos recursos naturais, incapaz de pôr limite aos seus interesses imediatos. Pelo contrário, se nos sentimos intimi-

mamente unidos a tudo o que existe, então brotarão de modo espontâneo a sobriedade e a solicitude. A pobreza e a austeridade de São Francisco não eram simplesmente um ascetismo exterior, mas algo de mais radical: uma renúnica a fazer da realidade um mero objeto de uso e de domínio (n. 11).

Depois de quase quatro séculos de domínio desta visão da Terra, composta de coisas que estão aí uma ao lado da outra, sem conexão entre si, regidas por leis mecânicas e sem valor próprio a ser reconhecido, percebemos, perplexos, que tocamos nos limites da Terra. Ela é um planeta pequeno, velho, com escassa imunidade e com a resiliência enfraquecida. Subiu a sua febre, começou a ficar crescentemente aquecida e a mostrar eventos naturais extremos. Tais fenômenos sugerem que ela não é, como se imaginava, simplesmente uma coisa sem vida e sem propósito, mas possui reações como um ser vivo. Acresce ainda a explosão demográfica (somos mais de 7 bilhões de pessoas) que demanda recursos vitais, provocando uma alta pressão sobre os ecossistemas, responsáveis pela manutenção e reprodução da vida em todas as suas formas.

A Terra não aguenta mais esse tipo de presença humana, agressiva e destruidora de seu equilíbrio dinâmico. A drástica diminuição da biodiversidade, das águas, das florestas e da fertilidade dos solos comprova que este modelo de habitar o planeta se tornou insustentável e que coloca em risco nosso futuro comum. Urge fundar uma nova relação para com a Terra.

2 O antropocentrismo ilusório

Outro fator que ajuda a explicar o atual impasse face à sustentabilidade é o inveterado antropocentrismo de nossa cultura. Antropocentrismo significa colocar o ser humano no centro de tudo, como rei e rainha da natureza, o único que tem valor. Todos os demais seres somente ganham significado quando ordenados a ele. É uma posição de arrogância que foi, fortemente, legitimada por um tipo de leitura do Gênesis que diz: "crescei e multiplicai-vos, dominai a Terra, os peixes do mar, as aves do céu e tudo o que vive e se move sobre a face da Terra" (1,28).

O antropocentrismo é ilusório porque o ser humano foi um dos últimos seres a aparecerem no cenário da evolução. Quando a Terra estava pronta em 99,98% de sua realidade, surgiu a espécie *homo*, com a capacidade singular de ser consciente e inteligente, mas isso não lhe confere o direito de dominar os demais seres. Ao contrário, o mesmo Gênesis coloca o ser humano no Jardim do Éden para cuidar e guardar esta herança que Deus lhes deixou (Gn 2,15). Esta visão ecológica deve ser resgatada, e não a outra.

O que agrava o antropocentrismo é o fato de colocar o ser humano *fora da natureza*, como se ele não fosse parte e não dependesse dela. A natureza pode continuar sem o ser humano. Este não pode sequer pensar em sua sobrevivência sem a natureza. Além do mais, ele se colocou *acima da natureza*, numa posição de mando, quando, na verdade, ele é um elo da corrente da vida. Tanto ele quanto os demais seres são criaturas da Terra e, junto com os seres vivos, forma, como insiste a Carta da Terra, *a comunidade de vida*.

Na sua encíclica, o Papa Francisco, num capítulo denso, submeteu a uma rigorosa crítica o antropocentrismo moderno, um dos causadores da crise ecológica atual. Entre outras coisas afirma:

> O antropocentrismo moderno acabou, paradoxalmente, colocando a razão técnica acima da realidade, porque este ser humano "já não sente a natureza como norma válida nem como um refúgio vivente"… Uma apresentação inadequada da antropologia

cristã acabou promovendo uma concepção errada da relação do ser humano com o mundo. Muitas vezes foi transmitido um sonho prometeico de domínio sobre o mundo. A interpretação correta, no entanto, do conceito de ser humano como senhor do universo é entendê-lo no sentido de adminstrador responsável...Tudo está interligado. Se o ser humano se declara autonomo da realidade e se constitui dominador absoluto, desmorona-se a própria base da sua existência, porque, em vez de realizar o seu papel de colaborador de Deus na obra da criação, o ser humano substitui-se a Deus, e deste modo acaba provocando a revolta da natureza (n. 115-117).

O fato de sentir-se, na expressão de Descartes, "mestre e dono da Terra" fez com que o ser humano tratasse todos os seres de forma senhoril, de cima para baixo, ao invés de colocar-se junto deles, como irmãos e irmãs. Tal atitude abriu o caminho para a exploração, a indiferença e a falta de compaixão para com o sofrimento que ocorre na natureza, especialmente nos animais. Transformamo-nos em satã da Terra, ao invés de seu anjo bom, um anjo da guarda.

3 O projeto da Modernidade: o progresso ilimitado impossível

O que move as pessoas e as sociedades são o sonho e as utopias que elas projetam e os esforços que fazem para traduzi-las em realidade. Os modernos imaginavam que a vocação do ser humano é o desenvolvimento, em todas as áreas, e que isso se traduz por um projeto de progresso ilimitado. Ora, uma Terra limitada não suporta um projeto ilimitado. Ele é ilusório e propiciou uma sistemática pilhagem dos recursos da natureza (a começar pela madeira) pela exploração desapiedada da força de trabalho e pela colonização, por parte das potências europeias, de quase todo o resto do mundo, superexplorando as populações e sequestrando, sem retorno, suas riquezas.

Esta lógica produziu dois efeitos perversos: grande acumulação de riqueza de um lado e imensa pobreza do outro, e uma devastação generalizada da natureza. Duas injustiças se conjugaram: a ecológica e a social. Esta lógica persiste e até se agravou nos dias atuais, quando nem mais países, mas redes de megaempresas, cerca de 1.300, controlam grande parte do comércio mundial: a maioria são bancos e 147 empresas formam um superpoder que define os rumos da economia globalizada (veja *Carta Maior*, 25/10/11).

Esse projeto de progresso ilimitado, além de desigual e por isso injusto, trouxe um impacto sensível sobre a totalidade dos recursos do planeta. Pela pegada ecológica pode-se dimensionar o estresse imposto à Terra. Cálculos feitos em 2010 davam 7,9 hectares globais para um estado-unidense médio, 4,7 para um europeu, 2,1 para um brasileiro e 1,4 para um africano. Se todos tivessem a pegada ecológica de um norte-americano precisaríamos ter cerca de 3,5 planetas Terra iguais ao que temos ou então uma população de somente 1,6 bilhão de habitantes.

Disso se depreende que o sonho de um desenvolvimento ilimitado não é universalizável nem é suportado pelo Planeta Terra. Importa reconhecer: temos que, coletivamente, elaborar outro projeto que atenda o anseio de desenvolvimento humano, não pela via da quantidade de bens, mas pela via da qualidade de vida, compartilhada por todos. Também não podemos alimentar a ilusão que nosos problemas ecológicos podem ser resolvidos simplesmente com a técnica.

A este propósito o Papa Francisco, em sua encíclica ecológica, desenvolve um imagem bem diferenciada da técnica. Por um lado, ele vê a necessidade de intervenção na natureza para atender a nossas demandas, por outro vê também o risco de a técnica não tomar em conta os ritmos da natureza e respeitá-los. Ele postula o que Ivan Illich chamou de "uma técnica convivial" que se dá conta dos limites da natureza e do ser humano e os acolhe com humildade, que sabe combinar trabalho com poesia, invenção com fantasia, ganhando assim um rosto humano. A técnica não é neutra, pois é condicionada pelas relações e interesses sociais. Nela sempre está imbutida uma imagem do ser humano e de seu destino que deve sempre ser tomada em conta e criticamente analisada.

A esse respeito, o Papa Francisco em sua encíclica "Como cuidar da Casa Comum" desenvolveu um raciocínio fundamental que convém reter:

> As atitudes que dificultam os caminhos de solução, mesmo entre os fiéis, vão da negação do problema à indiferença, à resignação acomodada ou à confiança cega nas soluções técnicas... Com efeito, a tecnologia que, ligada à finança, pretende ser a única solução dos problemas, é incapaz de ver o mistério das múltiplas relações que existem entre as coisas e, por isso, às vezes, resolve um problema criando outros...

> É verdade que o ser humano deve intervir quando um geossistema cai em estado crítico, mas hoje o nível de intervenção humana, numa realidade tão complexa como a natureza, é tal, que os desastres constantes causados pelo ser humano provocam uma nova intervenção dele, de modo que a atividade humana se torna onipresente, com todos os riscos que isso implica. Normalmente, cria-se um círculo vicioso, no qual a intervenção humana para resolver uma dificuldade, muitas vezes, agrava ainda mais a situação.

> Mas o problema fundamental é outro e ainda mais profundo: o modo como realmente a humanidade assumiu a tecnologia e o seu desenvolvimento *juntamente com*

um paradigma homogêneo e unidimensional. Neste paradigma sobressai uma concepção do sujeito que progressivamente, no processo lógico-racional, compreende e assim se apropria do objeto que se encontra fora. É como se o sujeito tivesse à sua frente a realidade informe totalmente disponível para a manipulação... O que interessa agora é extrair o máximo possível das coisas por imposição da mão humana, que tende a ignorar ou esquecer a realidade própria do que tem a sua frente. Por isso, o ser humano e as coisas deixaram de se dar amigavelmente a mão, tornando-se contendentes. Daqui passa-se à ideia de um crescimento infinito ou ilimitado que tanto entusiasmou os economistas, teóricos da finança e da tecnologia. Isto supõe a mentira da disponibilidade infinita dos bens do planeta que leva a "exprimi-lo" até o limite e para além dele. Trata-se do falso pressuposto de que existe uma quantidade ilimitada de energia e de recursos a serem utilizados, que a sua regeneração é possível de imediato e que os efeitos negativos das manipulações da ordem natural podem ser facilmente resolvidos... O paradigma tecnológico tornou-se hoje tão dominante que é muito difícil prescindir dos seus recursos, e mais difícil ainda é utilizar os seus recursos sem ser dominados pela sua lógica. Tornou-se anticultural a escolha de um estilo de vida cujos objetivos possam ser, pelo menos em parte, independentes da técnica, dos seus custos e do seu poder globalizante e massificador. Com efeito, a técnica tem a tendência de fazer com que nada fique fora da sua lógica férrea e o homem que é o seu protagonista sabe que, em última análise, não se trata de utilidade nem de bem-estar, mas de domínio, domínio no sentido mais extremo da palavra (n. 14; 20; 34; 106-108).

4 Visão compartimentada, mecanicista e patriarcal da realidade

A cosmovisão moderna (conjunto de crenças, utopias, ideias e visões do universo e do ser humano) perdeu a visão de totalidade em benefício das partes. Não se dá conta de que as partes são partes de um todo, vale dizer, que a árvore é parte da floresta. Atomizou a unidade concreta do real fazendo com que surgissem as muitas especialidades. Cada saber é saber de uma parcela do todo. Há os que estudam apenas as rochas; outros, os oceanos, e outros, as florestas, o sol, as galáxias etc. Esquece-se que tudo forma um todo orgânico e sinfônico: o universo dos seres, todos inter-retro-relacionados. Eles não se regem por relações mecânicas de causa e efeito, mas por um conjunto complexo de fatores que se influenciam mutuamente, realimentam-se e coevoluem. Desta fragmentação do real nasceram as ciências específicas pelas quais se sabe cada vez mais sobre cada vez menos.

Acumularam-se muitos conhecimentos, a maioria útil, mas a perda da unidade atingiu as relações de gênero: homem e mulher foram postos em justaposição e em subordinação, como se não vigorassem relações de reciprocidade entre eles. E, o que é pior, a subordinação permitiu a opressão da mulher pelo homem, gerando o patriarcalismo, que afetou as relações familiares, penetrou nas instituições, no Estado e na forma de organização da sociedade que, ou bem tornou invisível a mulher, ou a marginalizou. Esta leitura dualista empobreceu nossa experiência da realidade, transformou-nos em seres desenraizados, sem sentido de pertença a um Todo maior. As relações desiguais e de submetimento entre homem e mulher acabaram por desumanizar a ambos. Temos que mudar nosso olhar, descobrirmos o universo, nossa galáxia, nosso sistema solar e o Planeta Terra e desenvolver a percepção de que somos membros de um grande corpo vivo, inteligente, que se auto-organiza, autocria e que continuamente evolui: o universo.

5 O individualismo e a dinâmica da competição

Uma das características da Modernidade é a exaltação exacerbada do individualismo que ganhou sua expressão lapidar na forma de um credo no majestoso Rockfeller Center em Nova York, no qual se pode ler o ato de fé de John D. Rockfeller Jr.: "Eu creio no supremo valor do *indivíduo* e no seu direito à vida, à liberdade e à busca da felicidade". No sistema capitalista o que conta é a propriedade privada e a apropriação individual dos benefícios do desenvolvimento. Por séculos foi triunfante. Somente a partir da grande recessão de 1929, e recentemente com a crise do sistema econômico-financeiro de 2008 e 2011, ele viu suas teses refutadas. Se não tivesse havido a intervenção maciça do Estado, salvando bancos e empresas privadas, todo o sistema teria fragorosamente ruído.

Este individualismo se conjuga totalmente com o espírito de competição, motor fundamental da acumulação capitalista. Na competição os mais fortes levam vantagem e praticam um rigoroso darwinismo social: os mais fracos ou são apeados do mercado ou são absorvidos pelos mais fortes. O lobo sempre vence a ovelha, sem qualquer sentimento dos efeitos perversos que produz em termos de desigualdades sociais, injustiças clamorosas sobre classes sociais e países inteiros.

O individualismo e a competição são hostis à lógica da natureza e da vida humana, pois ambas são fundadas sobre a cooperação e a interdependência entre todos. Hoje, face à crise social e ecológica global, impõe-se: ou deslocamos o eixo do "eu" para o "nós" ou então dificilmente evitaremos uma tragédia, não só individual, mas coletiva.

A este respeito escreveu com acerto o Papa Francisco em sua encíclica *Laudato Si*:

> O ambiente é um dos bens que os mecanismos de mercado não estão aptos a defender ou a promover adequadamente. Mais uma vez repito que convém evitar uma concepção mágica do mercado, que tende a pensar que os problemas se resolvem apenas com o crescimento dos lucros das empresas ou dos indivíduos. Será realista esperar que quem está obcecado com a maximização dos lucros se detenha para considerar os efeitos ambientais que deixará às próximas gerações? Dentro do esquema do ganho não há lugar para pensar nos ritmos da natureza nos seus termos de degradação e regeneração, e na complexidade dos ecossistemas que podem ser gravemente alterados pela intervenção humana... O mercado tende a criar um mecanismo consumista compulsivo para vender seus produtos, as pessoas acabam sendo arrastadas pelo turbilhão de compras e gostos supérfluos. O consumismo obsessivo é o reflexo subjetivo do paradigma tecnoeconômico (n. 190; 195; 203).

Não é sem razão o esforço para se elaborar uma Declaração Universal do Bem Comum da Terra e da Humanidade como uma espécie de carta magna que regerá as políticas globais de uma geossociedade cada vez mais numerosa.

6 Primazia do desperdício sobre o cuidado, do capital material sobre o capital humano

Pressupondo serem os recursos da Terra infinitos, o homem moderno não alimentou uma atitude de cuidado para que continuassem a existir, mas praticou o esbanjamento e o desperdício deles. Por séculos viveu sob o império do ideal da conquista: de novas terras, novos povos, novos seres, novas estrelas, novas dimensões da matéria e da vida, sempre com o propósito de colocá-los sob a sua dominação.

O mundo foi transformado numa espécie de supermercado e de um imenso *shopping center* no qual todos os tipos de bens materiais são oferecidos a quem os puder adquirir. Criou-se uma cultura do consumo de bens materiais. As dimensões espirituais e profundamente humanas, como a de se interrogar sobre o sentido da vida e o destino de todo o universo, de colocar a questão da Fonte Originária de Todo o Ser – outro nome para Deus –, foram colocadas à margem ou simplesmente relegadas ao mundo privado.

A saturação de bens materiais operou uma espécie de lobotomia em nosso espírito, cujo efeito foi o cinismo, o sentido de irrelevância de todas as coisas e o vazio existencial. Sentimo-nos todos infelizes, porque não há bens, por muitos que sejam, que saciem o impulso infinito do ser humano, aberto ao outro, ao mundo e ao Infinito.

O novo ensaio civilizatório deverá encontrar uma equação pela qual todas estas dimensões sejam incluídas, apreciadas e fazendo parte essencial da convivência das pessoas, vindas das mais diversas culturas, mas habitando a mesma Casa Comum.

O conjunto destes fatores formou o paradigma moderno ainda vigente. Ele produziu grandes obras, trouxe imensos riscos e hoje dá claros sinais de que esgotou suas potencialidades de nos desenhar um futuro de esperança. Ou mudamos ou vamos ao encontro do imponderável.

5

Pressupostos cosmológicos e antropológicos para um conceito integrador de sustentabilidade

Viemos afirmando até agora que a lógica do sistema de produção e consumo imperante está em contradição com a sustentabilidade. Temos que abandonar este Titanic avariado que, a persistir, o nosso projeto planetário afundará com ele. Sua voracidade está exterminando grande parte da biodiversidade, acelerando a sexta grande extinção já em curso, aprofundando o Antropoceno e pondo em extremo risco a sobrevivência da espécie humana.

Se quisermos uma sustentabilidade viável precisamos, consoante a Carta da Terra, de "um novo começo". Isso equivale a dizer: temos que construir um novo paradigma civilizatório. A tarefa é ingente, mas inadiável.

O que não podemos é ficar no interior de uma casa pegando fogo, discutindo se permanecemos dentro até os bombeiros chegarem ou se devemos sair dela para salvar a nossa vida. A maioria está optando por ficar dentro da casa em chamas, aguardando o socorro dos bombeiros. Esta espera é vã porque eles, por causa da crise generalizada, estão simplesmente sem combustível para seus caminhões e sem água. E assim poderemos desaparecer junto com a casa.

Então vamos cuidar da casa e comecemos a pensar como reconstruí-la, a salvo de outros incêndios avassaladores. Trata-se de projetar um novo paradigma que naturalmente produza sustentabilidade para a Casa Comum, a Terra, e para todos os demais seres vivos que nela habitam.

Para vinho novo, novas barricas. Para um novo paradigma precisamos mais do que ciência. Necessitamos de imaginação, de paixão e de entusiasmo criativo. Devemos recolher todos os cacos do paradigma anterior, acolher toda a sabedoria da humanidade, valorizar todos os saberes benéficos para a vida e para a humanidade, deixar-nos inspirar pelos sonhos generosos das tantas culturas, especialmente daquelas originárias que souberam guardar um sagrado respeito e uma respeitosa convivência com a Mãe Terra. Enfim, qualquer resto da construção anterior que se encaixe na nova construção deve ser aproveitado e colocado em seu devido lugar.

1 O que é um paradigma novo e uma nova cosmologia

Como se há de entender a expressão "novo paradigma"? Desde que foi lançada em 1970 pelo filósofo da ciência norte-americano Thomas Kuhn (*A estrutura das revoluções científicas*, 1970), e difundida a partir de então pelo físico quântico e ecologista Fritjof Capra (*O ponto de mutação*, 1980), o termo entrou no uso comum das discussões que envolvem mudanças profundas em qualquer área do conhecimento ou da realidade. O conceito não é livre de discussões por causa dos muitos significados que se lhe atribuem. Mas existe certo consenso em seu sentido mais geral, que nós assumiremos.

Por paradigma entendemos o conjunto articulado de visões da realidade, de valores, de tradições, de hábitos consagrados, de ideias, de sonhos, de modos de produção e de consumo, de saberes, de ciências, de expressões culturais e estéticas e de caminhos ético-espirituais. Este conjunto articulado, criando uma visão sistêmica, relativamente coerente, é denominado também de *cosmologia*, que significa uma visão geral do universo, da Terra, da vida e do ser humano, que serve de orientação para as pessoas e para as sociedades e que atende a uma necessidade humana por um sentido globalizador de tudo.

Hoje estão se enfrentando duramente dois *paradigmas* ou duas *cosmologias*: a chamada *moderna*, que nós qualificamos de *cosmologia da dominação* porque seu foco é a conquista e a dominação do mundo e cujas características descrevemos no capítulo anterior como sendo mecanicista, determinística, materialista e racionalista. Ela ainda subjaz ao nosso tipo de cultura e ao modo de produção, sendo a principal causadora da grave crise atual.

O outro *paradigma* ou *cosmologia* que nós denominamos de *cosmologia da transformação*, expressão da Era do Ecozoico (que colocará a questão ecologia no centro das preocupações), já tem mais de um século de elaboração e ganhou sua melhor expressão na *Carta da Terra* (veja HATHAWAY, M. & BOFF, L. *O Tao da libertação – Explorando a ecologia de transformação*, 2012). Deriva-se das ciências do universo, da Terra e da vida. Situa nossa realidade dentro da cosmogênese, aquele imenso processo da evolução ainda em gênese que se iniciou a partir do *big-bang* há cerca de 13,7 bilhões de anos. O universo está continuamente se expandindo, auto-organizando-se e se auto-criando, e vem carregado de propósitos.

Seu estado natural é a evolução e não a estabilidade, a transformação e a adaptabilidade e não a imutabilidade e a permanência. Nele tudo está relacionado em redes e nada existe fora deste jogo de relacionamentos. Por isso, todos os seres são interdependentes e colaboram entre si para coevoluírem, garantirem o equilíbrio de todos os fatores e sustentarem a biodiversidade.

Esta nova cosmologia se revela inspiradora e salvadora. Ao invés de dominar a natureza, coloca-nos no seio dela em profunda sintonia e sinergia, aberta a sempre novas transformações. Ela constitui um sistema aberto que sempre pode acolher novas interações e fluxos de energia, ao contrário do sistema fechado, que vive como numa casca de noz, fechado em si mesmo e, por isso, fora da dialogação universal.

O que caracteriza esta nova cosmologia é o reconhecimento do valor intrínseco de cada ser e não de sua mera utilização humana, o respeito por toda a vida, a dignidade da natureza e não sua exploração, o cuidado no lugar da dominação, a espiritualidade como um dado da realidade humana e não apenas expressão de uma religião.

O significado maior desta cosmologia reside no fato de fornecer as bases para enfrentarmos as muitas crises pelas quais a Terra e a humanidade estão passando, por fundamentar a sustentabilidade porque está mais de acordo com as reais necessidades humanas e com a lógica de Gaia e do próprio universo.

Como afirmava o conhecido cosmólogo Brian Swimme:

> Nosso grande desafio, ao deixar para trás a velha cosmologia, é reinventar a nossa civilização. As principais instituições do período moderno, incluindo a agricultura, a religião, a educação e a economia, precisam ser reimaginadas no interior de um universo vivo, inteligente e auto-organizativo. Em vez de degradar o sistema da vida e da Terra, a humanidade deverá aprender a associar-se à comunidade de vida de uma forma que reforce mais e mais suas interdependências. Esta obra seguramente exigirá o talento e a energia de milhões de pessoas de todas as culturas, durante todo o século XXI (*What is the new cosmology*, 2011).

Nós nos somamos a este esforço por entendermos que esta nova cosmologia poderá nos orientar na busca de uma compreensão mais adequada de sustentabilidade. Esta é feita menos de limites, vetos, contenções, cálculos de ecoeficiência, utilização moderada e racional de recursos escassos (mas sempre dentro da lógica antropocêntrica e utilitarista e a serviço dos interesses exclusivamente humanos) e mais de sinergia e de sintonia com os ciclos da natureza, de respeito às possibilidades de cada ecossistema e atenta à suportabilidade e à capacidade regenerativa da Mãe Terra. A sustentabilidade não vem imposta de fora. Ela nasce da própria lógica das coisas e do tipo de relação de cooperação, respeito, veneração do ser humano por tudo o que existe e vive.

2 Elementos da nova cosmologia: base da sustentabilidade

Partimos de três pressupostos, aceitos por grande parte da comunidade científica:

O *primeiro* é que o universo forma um incomensurável todo que se encontra em evolução e em expansão, a partir daquela primeira singularidade que foi o *big-bang*, de onde surgiu tudo o que existe, inclusive nós mesmos.

O *segundo* nos vem da Teoria da Relatividade de Einstein, segundo a qual massa material e energia são equivalentes. Matéria, na verdade, não existe. Matéria é energia altamente condensada e interativa, cujos átomos podem ser decompostos e assim liberar a energia neles contida, como o mostrou, lamentavelmente, a bomba atômica.

O *terceiro* pressuposto nos vem da mecânica quântica, segundo a qual a matéria não possui apenas *massa*, de onde se originou toda a física moderna, nem somente *energia*, base para todo o processo industrial, mas possui também *informação*. Esta se origina da interação permanente que vigora entre todos os seres. Cada encontro marca reciprocamente os seres interconectados. Hoje podemos decodificar estas informações, estocá-

-las e usá-las em nossos aparelhos de automação, de robótica e de computação. Cada célula contém todas as informações do código genético pelo qual se constroem os seres vivos.

Esses pressupostos, entre outros, sustentam a nova visão do mundo, vale dizer, a nova cosmologia.

No último século o caminho da ciência percorreu, mais ou menos, o seguinte percurso: da matéria chegou ao átomo; do átomo às partículas elementares; das partículas elementares aos "pacotes de onda" energética; dos pacotes de onda às supercordas vibratórias, em 11 dimensões ou mais; das supercordas chegou-se, por fim, à "Energia de Fundo" ou ao "Vácuo Quântico".

a) O Vácuo Quântico: a Fonte Originária de Todo o Ser

"Vácuo Quântico" é uma expressão inadequada porque diz exatamente o contrário do que a palavra "Vácuo" significa. O Vácuo representa a plenitude de todas as possíveis energias e informações e suas eventuais densificações como matéria nos seres existentes. Daí se preferir hoje a expressão *Pregnant Void*, "o Vácuo Grávido" ou o "Abismo Alimentador de Todo o Ser", ou ainda a "Fonte Originária de Todo o Ser", expressão preferida pelo conhecido astrofísico e cosmólogo Brian Swimme (*The Universe Story*, 1992).

Tudo começa com essa misteriosa Energia de Fundo que sustenta o todo e cada ser e que pervade os espaços infinitos do universo. Não é algo que possa ser representado nas categorias convencionais de espaço-tempo, pois é algo anterior a tudo o que existe, anterior ao espaço-tempo e às quatro energias fundamentais, a gravitacional, a eletromagnética, a nuclear fraca e a forte, que compõem e sustentam todos os seres.

Astrofísicos imaginam-no como uma espécie de vasto oceano, sem margens, ilimitado, inefável, indescritível e misterioso no qual, como num útero infinito, estão hospedadas todas as informações, possibilidades e virtualidades de ser que vão emergindo ao longo da evolução na medida em que esta avança, complexifica-se e se interioriza.

De lá emergiu, sem que possamos saber por que e como, aquele pontozinho extremamente prenhe de energia, inimaginavelmente quente, que depois explodiu, o *big-bang*, dando origem ao nosso universo. Nada impede que daquela Energia de Fundo tenham surgido outros pontos, gestando também outras singularidades e outros universos paralelos ou em outra dimensão. A Energia está em tudo. Sem energia nada poderia subsistir. Como seres conscientes e espirituais, somos uma realização complexíssima, sutil e extremamente interativa de energia.

Esta Energia talvez constitua a melhor metáfora daquilo que significa Deus, cujos nomes variam, como Shiva, Alá, Olorum, Javé, Tao. Deus é mais do que aquela Energia de Fundo, mas é sinalizado por ela. Já o Tao Te Ching (§ 4) dizia o mesmo do Tao: "o Tao é um vazio em turbilhão, sempre em ação e inexaurível. É um abismo insondável, origem de todas as coisas e o que unifica o mundo".

A singularidade do ser humano é poder sentir em si a ação desta Energia e poder conectar-se conscientemente com ela. Ele não pode manipulá-la, mas pode invocá-la, acolhê-la e percebê-la na forma de vida, de entusiasmo (ter um "deus" dentro), de criatividade, de impulso interior para o bem, para a cooperação e para tudo o que é construtivo.

b) As quatro expressões da Energia de Fundo

Esta Energia de Fundo se desdobra nas quatro interações básicas que presidem todo o processo evolucionário e cosmogênico: a *gravitacional* (que faz os seres se atraírem), a *eletromag-*

nética (que forma os vários tipos de energia, como a elétrica), a *nuclear forte* (que garante a coesão dos elétrons e prótons ao redor do núcleo do átomo), e a *fraca* (que regula o decaimento da radiação nuclear). Que são estas forças? A ciência até hoje não conseguiu compreendê-las. Por isso, possuem a natureza de um princípio. Não tendo características de coisas, dão origem a todas as coisas. São como o olho; permite tudo ver, mas não consegue ver a si mesmo.

Como afirma boa parte dos cosmólogos, estas quatro energias, desdobramento da Energia de Fundo, não seriam o próprio universo enquanto se mostra como um organismo que age, expande-se, forja sua coesão, cria, organiza-se, desenvolve-se, complexifica-se e se interioriza? Elas são o próprio universo que mantém o todo e cada uma das partes inescapavelmente unidas, interligadas e interdependentes.

Elas sempre atuam juntas e de forma inclusiva por força da Energia de Fundo. O universo como organismo ativo é o sujeito de todas as ações cósmicas, promovidas e sustentadas por estas energias. Desde o seu primeiríssimo momento, o processo cosmogênico está colocando ordem no caos inicial, está se auto-organizando e se autocriando num movimento aberto que chega até nós.

A partir desta compreensão se deriva que a criação não é algo mecânico como pretendiam os modernos. Não é a máquina-mundo posta a funcionar nos primórdios. É o organismo-mundo que se encontra sempre aberto a tudo o que se encontra a sua volta, em contínua interação, acumulando informações, numa perspectiva de realização de potencialidades ainda não concretizadas. É uma verdadeira *creatio continua* (criação contínua), um sistema aberto e um todo articulado.

O processo cosmogênico vai constituindo os seres, eles mesmos abertos e processuais, portanto, sempre produzindo e reproduzindo sua existência numa dança de relações, trocas de informações, comunicações, constituindo unidades complexas. Alguns chamam a este processo de *autopoiesis*, autocriação permanente.

As características típicas do processo em gênese são o inter-relacionamento, a interdependência, a mutualidade, a reciprocidade, a complementaridade, a interconexão de todos com todos, revelando certa subjetividade de cada ser pelas informações que carrega, pela história que possui e pela maneira própria de se inserir no todo.

c) Complexidade/interiorização/interdependência

Simplificando um processo altamente complexo podemos dizer: o universo se organiza na forma de complexidade/interioridade/interdependência, pois são os fatores que geram e garantem a sustentabilidade das partes e do todo.

O processo evolucionário cosmogênico desde o seu princípio produz *complexidades*. Quer dizer, as coisas e os eventos não são lineares e simples, mas sempre articulados com distintos fatores, interações e informações de tal forma entrelaçados que formam uma unidade complexa. Estas complexidades emergem cada vez mais ricas, desde as duas primeiras partículas que interagiram uma face à outra até a complexidade mais sofisticada da vida, de forma especial da vida humana, seja no seu aspecto bio-sócio-histórico até a complexidade das civilizações, dos sonhos, das ideias, das religiões e dos rostos humanos.

Nada mais negador do sentido do universo que a homogeneidade e a imposição de um só modo de produção, do pensamento único, tão em voga há tempos atrás (*there is no alternative*), de uma só visão de mundo, de uma religião e das monoculturas. Assim como apreciamos a biodiversidade, devemos acolher também a diversidade de ideias, de modelos, de visões de mundo e de religiões.

Na medida em que cresce a complexidade cresce também a *interioridade*, vale dizer, o enrolar-se sobre si mesmo. Cada ser possui a sua singularidade, sua *mise-en-scène* e sua maneira própria de trocar informações e de se fazer presente. Possui não apenas um fora, mas também um dentro, na maneira como se auto-organiza e constitui a trama de suas informações e de suas relações. Mesmo o hádrion ou o próton mais primitivo possui a sua presença singular e sua maneira própria de relacionar-se. Isso faz com que cada ser do universo seja único, irrepetível e tenha a sua própria história.

Essa interioridade ganha expressão mais clara quando, dada uma complexidade maior, emerge um sistema nervoso central nos vertebrados e um cérebro no ser humano. Aqui desponta a consciência, a inteligência, a espontaneidade e a liberdade. O próprio universo nunca é linear, mas feito de rupturas e de saltos de qualidade. Pode alcançar tal nível de complexidade e de interioridade que começa a sentir-se, a pensar-se, a amar-se e a ver-se a si mesmo. Ele o faz através do ser humano, homem e mulher, aquela porção da Terra dotada com tais propriedades.

Esta dimensão de subjetividade humana e de autoconsciência foi deixada de fora na cosmologia moderna e, em grande parte, ainda hoje nas cosmologias contemporâneas. Estudam-se galáxias, conglomerados de galáxias, irrupções de supernovas e se descobrem planetas, nos quais haveria condições de vida. E não se inclui, por uma cegueira metodológica, a consciência e o espírito que estudam todas estas realidades, como se eles também não fossem uma pro-dução do universo, quem sabe, a mais complexa e sublime.

Por fim, atua um terceiro princípio, o da *interdependência* ou o da *conectividade*, ou ainda o da *re-ligação* de todos com todos. É chamado também de a *Matriz Relacional* (*Relational Matrix*) do universo. Enfaticamente sustentam a física quânti-ca e a nova cosmologia que vigora uma profunda unidade do universo por causa da isonomia dos elementos que o compõem. Quer dizer, todos os seres, das estrelas mais antigas, passando pelo sol e chegando à Terra e aos nossos corpos, somos todos feitos pelos mesmos elementos físico-químicos que maduraram no interior das grandes estrelas vermelhas, de bilhões de anos atrás, que, ao explodirem, lançaram tais elementos (cerca de cem) em todas as direções. Somos feitos do pó das estrelas. As quatro interações, acima referidas, conglomeraram tais elementos formando as estrelas e os planetas. Elas atuam igualmente em todo o espaço cósmico. Tudo está interligado e interdependente. Por força da gravidade uma galáxia depende da outra. O equilíbrio eletromagnético e nuclear sustenta a sinfonia do universo, impedindo que os eventos de caos destruam a totalidade harmônica. Antes, pelo contrário, eles permitem novas religações e emergências de novidades ainda não aparecidas no processo cosmogênico. O caos é generativo.

Matar um ser ou eliminar uma espécie significa fechar um livro, queimar uma biblioteca de informações, acumuladas em bilhões de anos de interações e de trocas, é condenar para sempre ao silêncio uma mensagem que vem do cosmos inteiro, da Fonte Originária de Todo o Ser e do próprio Deus. Por aí deduzimos como é bárbaro e ecologicamente assassino o modo de produção, visando apenas vantagens e riquezas, modo que destrói a natureza e elimina organismos vivos.

Compreendida assim, a criação é um imenso livro, escrito por dentro e por fora, cabendo ao ser humano – isso pertence a sua função e missão no universo – saber ler o livro da criação, guardá-lo e cuidá-lo para ser fonte permanente de aprendizado.

d) A Terra como superorganismo vivo: Gaia

Uma das constatações mais surpreendentes da nova cosmologia e do novo paradigma é o novo olhar sobre a Terra, tema recorrente em nossas reflexões. Superou-se a ideia pobre que se fazia dela como um composto de partes altas, continentes e terra firme, e partes líquidas como rios, mares e oceanos. Nem se percebia que era habitada por seres vivos, gente, animais e plantas.

Mas a partir dos anos 70 do século passado, graças à astronáutica (a visão dos astronautas que de fora, da lua e de suas naves espaciais, viam a unidade entre Terra e humanidade) e às ciências da vida, os cientistas se deram conta de que a Terra é bem outra coisa. Como diz belamente a Carta da Terra, "a Terra, nosso lar, é *viva* e com uma comunidade de vida única" (Preâmbulo). Essa ideia ganhou tanto consenso que entrou nos manuais de ecologia mais recentes (veja BARBAULT, R. *Ecologia geral*, 2011).

Primeiramente, ela foi proposta pelo geoquímico russo W. Vernadsky por volta de 1920 e não gozou de quase nenhum reconhecimento; mais tarde foi retomada, nos anos de 1970, com mais profundidade por J. Lovelock, médico e bioquímico que trabalhava nos projetos da Nasa, ligados às viagens espaciais. Foi ele que cunhou o nome de *Gaia*, a deusa da mitologia grega que representava a Terra como geradora de todos os seres vivos. Entre nós foi enriquecida por J. Lutzenberger, exímio ecólogo brasileiro que escreveu um apaixonado livro: *Gaia: o planeta vivo* (1990).

Aprofundando o tema, especialmente comparando a atmosfera da Terra com os dois planetas vizinhos Marte e Vênus, ficou claro que a Terra comparece como um gigantesco superorganismo que se autorregula e que combina o físico, o químico e ecológico de forma tão sutil e perfeita, que sempre produz e reproduz vida, fazendo com que todos os seres se interconectem e cooperem entre si.

Na visão de Lovelock: "Definimos a Terra como Gaia porque se apresenta como uma entidade complexa que abrange a biosfera, a atmosfera, os oceanos e o solo; na sua totalidade, esses elementos constituem um sistema de realimentação que procura um meio físico e químico ótimo para a vida neste planeta" (*Gaia*, 1989, p. 27).

Lovelock assinalou que a própria biosfera, essa fina camada como o fio de uma navalha que circunda a Terra, é uma criação da própria vida. Em diálogo com as energias do universo, da Terra e com as interações com os demais organismos vivos, os seres vivos criaram para si um habitat, favorável para a manutenção das condições relativamente constantes de todos os referidos elementos que propiciam a vida.

Assim, por exemplo, há milhões e milhões de anos o nível de oxigênio na atmosfera, a partir do qual os seres vivos e nós mesmos vivemos, permanece inalterado, na ordem de 21%. Caso subisse para 25%, produzir-se-iam incêndios por toda a Terra, a ponto de dizimar a capa verde da crosta terrestre. Se decaísse para 15%, nós desmaiaríamos.

O nível de sal nos mares é da ordem de 3,4%. Se subisse para 6% tornaria a vida nos mares e lagos impossível, como no Mar Morto. E desequilibraria todo o sistema atmosférico do planeta.

Durante os 3,8 bilhões de anos de existência de vida sobre a Terra, não obstante as quinze grandes dizimações ocorridas, as condições básicas sempre se mantiveram e assim garantiram a perpetuidade da vida.

Quando falarmos de sustentabilidade da Terra como Gaia, esses elementos terão que ser tomados em alta conta. Se quebrarmos esse equilíbrio, urdido em milhões de anos de trabalho cósmico, agrediremos a sustentabilidade dos ecossistemas, cujo conjunto forma, concretamente, a Terra.

e) *Comunidade de vida* versus *meio ambiente*

A Terra é mãe generosa que deu à luz as mais variadas formas de seres orgânicos, desde os quintilhões de quintilhões de micro-organismos que se escondem no solo (bactérias, vírus, protozoários e fungos), passando pela flora e pela fauna com seus milhões de representantes. Com razão os antigos, e ainda hoje os povos originários, chamavam-na e chamam de Grande Mãe. Essa ideia não ficou restrita àquelas culturas. A própria ONU, depois de anos de discussões internas e em razão dos desastres ecológicos ocorridos nos últimos anos, convenceu-se de que ela é realmente viva e, agora, doente. Em razão destas constatações, acolheu em 2009 a proposta do presidente da Bolívia, Evo Morales Ayma, de transformar o dia 22 de abril, Dia da Terra, em Dia da Mãe Terra.

A mim coube a honra de fazer, diante dos representantes dos 190 povos, a apresentação argumentativa em favor da Mãe Terra. A aprovação foi unânime.

Os seres vivos, gerados por Gaia, estão entrelaçados e interconectados de forma tão íntima, que constituem mais que o meio ambiente. Eles formam o *ambiente inteiro* ou a *comunidade de vida*, expressão consagrada pela Carta da Terra. Essa comunidade de vida não é uma metáfora, mas o resultado de uma verificação científica. Quando em 1953 Francis Crick e James Watson decodificaram o código genético, descobriram que todos os seres vivos, desde os mais simples como as bactérias até os mais complexos como as árvores, os animais e os seres humanos, são compostos de 20 aminoácidos e quatro bases fosfatadas (adenina, citosina, guanina e timina). Somente a combinação diferente destes elementos dá origem à biodiversidade. Mas fundamentalmente somos todos irmãos e irmãs, portadores do mesmo código genético de base.

Este dado é de fundamental importância para a sustentabilidade: ela tem a ver com a cadeia da vida e não apenas com um ou outro organismo vivo em extinção que deve ser preservado. É a comunidade de vida, pelas interdependências que todos têm com todos, que garante a sustentabilidade dos biomas e do conjunto deles, que é a Terra vida.

f) O ser humano como a porção consciente da Terra

O ser humano não pode ser considerado à parte, mas como um momento especialíssimo da complexidade das energias, das informações e da matéria da Mãe Terra. Atingindo certo nível de conexões a ponto de criarem uma espécie em uníssono de vibrações, a Terra faz irromper a consciência, e com ela a inteligência, a sensibilidade e o amor. O ser humano é aquela porção da Mãe Terra que, num momento avançado de sua evolução, começou a sentir, a pensar, a amar, a cuidar e a venerar. Nasceu, então, o ser mais complexo que conhecemos: o *homo sapiens sapiens*. Por isso, segundo o mito antigo do cuidado, de *húmus* (terra fecunda) se derivou *homo*/homem, e de *adamah*, em hebraico (terra fértil), originou-se *Adam*/Adão (o filho e a filha da Terra).

Em outras palavras, nós não estamos fora nem acima da Terra. Somos parte dela, junto com os demais seres que ela também gerou. Não podemos viver sem a Terra, embora ela possa continuar sua trajetória sem nós.

Por causa da consciência e da inteligência, somos seres com uma característica especial: espirituais, éticos e responsáveis. A nós foi confiada a guarda e o cuidado da Casa Comum. Melhor ainda: a nós cabe alimentar veneração e respeito que devemos à nossa Mãe Comum. Nada devemos fazer que a ofenda e lhe negue a dignidade. Estas atitudes irão garantir diretamente a sustentabilidade da Mãe Terra.

g) Resgate da razão sensível e cordial

Pertence ao novo paradigma e à nova cosmologia integrar, junto à razão intelectual, instrumental-analítica, a razão sensível e cordial. Damo-nos conta mais e mais de que somos seres marcados pelo afeto e pela capacidade de sentir, de afetar e ser afetados. Tal dimensão surgiu no momento em que na Terra irromperam os mamíferos que carregam a cria dentro de si, cuidando-a e amando-a. Há 125 milhões de anos surgiu o *cérebro límbico*, que é a sede dos valores, do mundo das excelências, do interesse e do cuidado pelo outro. Daqui nascem as paixões, os sonhos e as utopias que movem os seres humanos para a ação. Esta dimensão, também chamada de *inteligência emocional*, foi recalcada na Modernidade em nome de uma pretensa objetividade da análise racional. Hoje sabemos que todos os conceitos, ideias e visões do mundo vêm impregnados de afeto e de sensibilidade (MAFFESOLI, M. *Elogio da razão sensível*, 1998).

Se não incluirmos conscientemente, junto com a indispensável razão intelectual, a inteligência emocional, sensível e cordial em nosso novo paradigma, dificilmente nos moveremos para cuidar e salvar a vida.

h) A dimensão espiritual da Terra, do universo e do ser humano

Junto a esta inteligência intelectual e emocional existe no ser humano também a inteligência espiritual. Ela não é um dado apenas do ser humano, mas uma das dimensões do universo. O espírito tem o seu lugar dentro do processo cosmogênico. Ele está primeiro no universo e depois na Terra e no ser humano.

Ele estava em ação desde o primeiríssimo momento após o *big-bang*. O espírito é aquela capacidade que o universo mostra de fazer de todas as relações e interdependências uma unidade sinfônica. Sua obra é realizar aquilo que alguns físicos quânticos (Zohar, Swimme e outros) chamam de *holismo relacional*: articular todos os fatores, fazer convergir todas as energias, coordenar todas as informações e todos os impulsos para cima e para frente, de forma que se forme um Todo e o cosmos apareça de fato como cosmos (algo ordenado), e não simplesmente a justaposição caótica de entidades.

É neste sentido que não poucos cientistas (A. Goswami, D. Bohm e outros) falam do universo autoconsciente e de um propósito que é perseguido pelo conjunto das energias em ação e pelos movimentos da matéria buscando ascender. Não há como negar esse percurso: das energias primordiais passamos à matéria, da matéria à complexidade, da complexidade à vida, e da vida à consciência, da consciência à autoconsciência nos seres humanos, e da autoconsciência à *noosfera* (em grego a esfera da mente unificada), pela qual nos sentimos uma mente globalizada, adequada à nova fase da Terra e da humanidade.

Todos os seres participam de alguma forma do espírito, por mais "inertes" que se apresentem, como uma montanha ou um lago. Eles também estão envolvidos numa incontável rede de relações, relações estas que são a manifestação do espírito. A distinção entre o espírito da Terra, do universo e da montanha e o nosso espírito não é de princípio, mas de grau.

Formalizando, poderíamos dizer: o espírito em nós é aquele momento da consciência em que ela sabe de si mesma, sente-se parte de um todo maior e percebe que um Elo misterioso liga e re-liga todos os seres, fazendo que haja um cosmos e não um caos.

Esta compreensão desperta em nós um sentimento de pertença a este Todo, de parentesco com os demais seres da criação, de apreço por seu valor intrínseco pelo simples fato de existirem e de, ao existir, revelarem algo daquela Energia de Fundo que neles se manifesta. O ser humano ainda possui uma vantagem evolutiva, a de possuir um órgão interno chamado por neurólogos e neurolinguistas de "ponto Deus no cérebro" (veja ZOHAR, D. *QS: a inteligência espiritual*, 2000). Sempre que existencialmente se abordam temas que têm a ver com o significado da totalidade, com o sagrado, o Divino e Deus, produz-se uma aceleração neuronal no lobo frontal. É como se o ser humano reagisse face à presença de um mistério que subjaz a todo universo e também atua nele. De repente ele se dá conta de que está diante de um Princípio criador, inteligente, de uma Potência de ser e de amor, que as tradições religiosas chamaram Deus. A consequência desta espiritualidade é a aberturaea disposição para os bens intangíves como o amor, a solidariedade, a compaixão e a contemplação. Tais valores potenciam a dimensão de luz que limita a força do negativo que sempre nos acompanha e que nos assegura a esperança de um fim bom para o universo. A sustentabilidade precisa incorporar este momento de espiritualidade cósmica, terrenal e humana, para ser completa, integral e ganhar densidade e um rosto humano.

3 O cuidado essencial, componente da sustentabilidade

Até agora, em nossas análises, temos enfatizado prioritariamente os aspectos objetivos da crise, dos modelos propostos de sustentabilidade e dos pressupostos teóricos e práticos exigidos para uma sustentabilidade que faça jus a este nome.

Mas não podemos olvidar um aspecto subjetivo, sem o qual a sustentabilidade corre risco de não se consolidar. Trata-se do cuidado essencial. Abordaremos com brevidade este tema que foi objeto de dois estudos meus mais detalhados: *Saber cuidar: compaixão pela Terra – Ética do humano* (1999) e completado pelo outro, *O cuidado necessário: na ecologia, na saúde e na educação* (2012).

Entendemos o cuidado não como uma virtude ou uma simples atitude de zelo e de preocupação com aquilo que amamos ou com o qual nos sentimos envolvidos. Cuidado é também isso. Mas fundamentalmente configura um modo de ser, uma relação nova para com a realidade, a Terra, a natureza e outro ser humano. Ele comparece como um paradigma que se torna mais compreensível se o compararmos com o paradigma da Modernidade. Este se organiza sobre a vontade de poder, poder como dominação, como acumulação, como conquista da natureza e dos outros povos. O cuidado é o oposto do paradigma da conquista. Tem a ver, como já dizíamos anteriormente, com um gesto amoroso, acolhedor, respeitador do outro, da natureza e da Terra. Quem cuida não se coloca sobre o outro, dominando-o, mas junto dele, convivendo, dando-lhe conforto e paz.

Ora, vigora um déficit imenso de cuidado em nosso modo de ser, de tratar os outros e nos relacionarmos com a natureza. Realizamos o preceito de um dos pais fundadores do paradigma científico moderno, Francis Bacon: "devemos tratar a natureza como o inquisidor da Santa Inquisição trata o inquirido: deve torturá-la até ela entregar todos os seus segredos". Esse método, em grande parte, é ainda vigente em nossos centros de pesquisa e nas práticas técnico-científicas do processo produtivo, pois submete a natureza, os animais e os ecossistemas a grande agressão e violência.

Em grande parte, a crise social e ecológica atual se deve a esta carência dolorosa e, por vezes, criminosa do cuidado essencial. Sem cuidado, já dizia o mito antigo, nenhum ser vivo sobrevive. O próprio universo é fruto de um cuidado sutilíssimo de todas as energias primordiais que se articularam de forma tão cuidadosa e em dosagens tão calculadas que, se assim não fosse, não estaríamos aqui para escrever tudo o que estamos escrevendo. Não sem razão, uma tradição filosófica que nos vem dos antigos romanos e que culminou em Martin Heidegger (*Ser e tempo*, § 41-43) define o ser humano pelo cuidado. Sem o cuidado de todas as energias, de fatores naturais e humanos, ele não teria surgido. E vive e sobrevive na medida em que cultiva o cuidado para consigo mesmo, com a natureza, com a Terra e para com sua dimensão transcendente.

Sem o cuidado de todos os elementos que compõem a vida, o próprio Planeta Terra, o desenvolvimento necessário e a sustentabilidade não teriam condições de se firmar e se consolidar. Por isso, não se pode dissociar sustentabilidade do cuidado: ambos formam as duas pilastras que sustentarão um novo ensaio civilizatório, com seu tipo de desenvolvimento e sua forma de conviver neste pequeno planeta, junto com todos os seres e com a comunidade de vida.

4 A vulnerabilidade de toda sustentabilidade

Por fim, cabe uma palavra de realismo. Não há sustentabilidade plena sem resto. Toda ela é vulnerável porque está submetida ao princípio da incompletude que marca todos os seres e o universo inteiro.

Dito isto, faz-se mister, antes de mais nada, sanar os danos feitos à Terra e aos ecossistemas pela sistemática depredação por parte dos seres humanos. Entregue a si mesma, a Terra demoraria algumas centenas de anos até recuperar sua integridade e sustentabilidade. Há muito por fazer para sanar feridas passadas e evitar outras futuras.

Em seguida, a Terra e todos os seres estão sob a regência da lei da entropia, do desgaste irrefreável das energias e de todos os sistemas. Todos caminhamos rumo a um colapso do universo, apesar da força das *estruturas dissipativas* de Ilya Prigogine, segundo as quais o universo tem a capacidade de fazer dos dejetos e da entropia uma nova fonte de energia (negentropia). Mas mesmo esta tardança não elimina o fato de que em 5 bilhões de anos o sol vai gastar todo o seu hidrogênio, e por mais 5 bilhões de anos consumirá todo o hélio até transformar-se numa estrela morta e num buraco negro. Mas nesta passagem do hidrogênio para o hélio terá calcinado a maioria dos planetas, entre eles a própria Terra, com tudo o que nela existe.

Ademais, não estamos livres das catástrofes inerentes à própria geofísica da Terra, da deriva continental, dos movimentos das placas tectônicas, que poderão provocar tsunamis e devastações arrasadoras. Por fim, como ocorreu há 65 milhões de anos, poderá cair sobre nós um incomensurável meteoro rasante, capaz de destruir toda a civilização e eliminar parte ou toda a espécie humana. Com isso queremos dizer: nenhuma sustentabilidade nos poderá salvar de tais eventos. Ela é, por natureza, vulnerável e está submetida ao princípio cósmico do caos. Mas, no que estiver sob nossa responsabilidade, cabe construí-la, no tempo que nos toca viver, para que nos garanta a sobrevivência e a proteção de nossa Casa Comum, a Terra.

6
Rumo a uma definição integradora de sustentabilidade

A nova cosmologia que acabamos de explanar é, por sua natureza, profundamente ecológica. Se a palavra *ecologia*, filologicamente, deriva-se de casa, em grego (*oikos*), fica claro que a cosmologia significa, em primeiro lugar, o discurso sobre nossa grande Casa Comum que é o universo, o cosmos, e somente depois sobre o nosso Planeta Terra.

Por isso, não se deve restringir a ecologia ao puro e simples ambientalismo, como é predominante nas discussões atuais. É empobrecer o debate e prejudicar uma compreensão mais ampla de sustentabilidade. A ecologia recobre a sociedade (ecologia social), a mente humana (ecologia mental), as indústrias (ecologia industrial), as cidades (ecologia urbana) e as redes de conexão com o cosmos (ecologia integral). Todas estas realidades, entre outras, são emergências da cosmogênese e ocorrem dentro do processo evolutivo universal, e não à margem dele.

A nova cosmologia, assim compreendida, possui o valor de uma verdadeira revolução, semelhante àquela que ocorreu no século XVI quando, por força da nova ciência, passou-se do terracentrismo (a Terra seria o centro) ao heliocentrismo (o Sol é o centro). As mentes, as igrejas, as instituições tiveram, a muito custo, que mudar, e mudaram. Não será diferente agora.

1 A relevância da Era Ecozoica

Acolher a nova cosmologia significa inaugurar uma nova era, a Era do Ecozoico. Esta expressão foi sugerida por um dos maiores astrofísicos atuais, diretor do Centro para a História do Universo, do Instituto de Estudos Integrais da Califórnia, Brian Swimme. No Ecozoico tudo é ecologizado porque a ecologia, em seu sentido integral, ganhará centralidade, e ao redor de seu eixo se organizarão todas as demais atividades: a econômica, a social, a política, a industrial, a cultural e a religiosa. Ecologizar aqui significa buscar um equilíbrio de todos os fatores e estar em sinergia e sintonia com o Todo.

A Era do Ecozoico nos obriga alterar o estado de nossa consciência, no sentido de assumirmos nosso lugar e nossa responsabilidade no processo cosmogênico. Quando há 66,5 milhões de anos surgiu o Cenozoico, a era vigente até há pouco, o ser humano não teve qualquer influência sobre ele. Agora, no Ecozoico, muita coisa passa por nossas decisões. Dentro do Ecozoico podemos introduzir uma subera, a do Antropoceno (o ser humano como uma força geofísica destruidora). Podemos também, ao contrário, preservar o mais que pudermos, cada ecossistema, cada espécie e o equilíbrio do Planeta Terra. Agora nós copilotamos o processo evolucionário. Somos, em parte, protagonistas desta história terrenal e cósmica.

Positivamente, o que a Era Ecozoica, no fim das contas, cobra de nós? Cobra-nos a disposição de alinhar nossas mentes e nossas práticas humanas com as outras forças operantes em todo o planeta e no universo, para que um equilíbrio criativo seja alcançado e assim possamos garantir um futuro comum aceitável. Isso implica outro modo de imaginar, produzir, consumir e dar significado à nossa passagem por este mundo. Aquilo que o ecofilósofo norueguês Sigmund Kwaloy formulou e que foi assumido pelas duas representantes da ecologia do profundo e ativistas norte-americanas, Joanna Macy e Molly Young Brown em seu conhecido livro *Nossa vida como Gaia* (2004), isso precisamos operar: a passagem de uma *sociedade de crescimento industrial* para uma *sociedade de sustentação de toda a vida.*

Esta passagem implica trocar a busca do crescimento visando o lucro pela busca da manutenção de todas as condições de matéria, energia e informação que garantam a sustentabilidade da vida, nas suas mais variadas formas, preservando o capital natural e dando-lhe tempo para que possa se reequilibrar e refazer sua integridade perdida. Este constitui, quiçá, o grande desafio do presente momento da história: operar esta grande transformação.

Mais e mais pessoas, movimentos, grupos, redes locais, regionais e mundiais estão se incorporando a esta transformação que vai consolidando a Era Ecozoica, cheia de promessas, abrindo-nos uma janela para um horizonte de vida e de alegria.

Há, entretanto, três questões que para a problemática da sustentabilidade são relevantes: a explosão demográfica (que muitos chamam de bomba populacional), os limites da Terra na produção de alimentos e a governança global. Abordemos, rapidamente, estas três questões.

2 A superpopulação humana

Não habitamos um planeta vazio, mas cheio, seja de pessoas, seja de artefatos de nossa cultura tecnológica. Tudo foi tocado e, em grande parte, modificado pelo ser humano.

Ocorreu uma explosão demográfica inimaginável. A humanidade demorou 1.600 anos para alcançar a cifra de 600 milhões de pessoas. Em 1750 já éramos 791 milhões. Em 1802 alcançamos o primeiro bilhão de pessoas; em 1927, 2 bilhões; em 1961, 3 bilhões; em 1974, 4 bilhões; em 1987, 5 bilhões; em 1999, 6 bilhões e, por fim, em 2011, 7 bilhões. Em 2025, se o eventual aquecimento abrupto não ocorrer, seremos 8 bilhões; em 2050, 9 bilhões e em 2070, 10 bilhões. Com este número precisaremos de 70% de mais alimentos do que atualmente produzimos.

Não pretendo entrar na intrincada questão das formas de limitação da natalidade e de planejamento familiar. Mas um dado foi verificado pela FAO, organismo da ONU responsável pela alimentação e a agricultura da humanidade: sempre que se difundiu informação e educação às mulheres, naturalmente caiu a explosão demográfica, e a taxa de natalidade se manteve em níveis normais.

Não obstante esta observação, há riscos que não devem ser ocultados. Por isso, cabe, face a este espantoso *crescendo* populacional, ouvir a opinião do conhecido biólogo e demógrafo da Universidade de Stanford, Califórnia, Paul Ehrlich, numa entrevista recente (*O Globo*, 30/10/11): "Ao ritmo que estamos indo, é muito provável que nos próximos 50 a 100 anos cheguemos a um colapso populacional". Outro especialista inglês, Fred Pearce, sustenta semelhante opinião, o que explica o título de seu livro: *O terremoto populacional* (*Peoplequake*). O problema não é tanto o número de pessoas, mas as formas de distribuição dos alimentos e dar-lhes dignidade mínima.

Por isso, a questão realmente preocupante é: poderá a Terra, superexplorada pela forma como produzimos e consumimos, garantir a seguridade alimentar para todos estes bilhões? Recordemos a palavra de Gandhi ainda nos anos 50 do século passado: "A Terra é suficiente para todos, mas não o é para os consumistas e os perdulários". Estes se apropriam egoisticamente da maior porção daquilo que a Terra produz, deixando, sem compaixão, migalhas para as grandes maiorias.

Mesmo assim, os dados anteriormente referidos sobre a pegada ecológica da humanidade davam conta de que ultrapassamos em 30% a biocapacidade atual do planeta. Acresce ainda o escândalo do desperdício, que hoje, nos países industrializados, chega a um terço dos produtos oferecidos. Consoante a Convenção da Biodiversidade Biológica de 2010, o mundo perde entre US$ 2,5 trilhões e US$ 4,5 trilhões anuais com a "destruição de ecossistemas vitais". Enquanto alguns milhões possuem um consumo conspícuo, grande parte da humanidade passa fome ou sofre de má nutrição.

3 Estratégias para a seguridade alimentar da humanidade

Mesmo reconhecendo os limites da Terra, grande número de cientistas, especialmente do grupo *Agrimonde* (veja PAILARD, L. "Une terre pour nourrir tous les hommes". *Développement et civilisations*, n. 397, set./2011), de base francesa, fez projeções relativamente otimistas tomando em consideração a situação demográfica de todos os continentes. O grupo garante que até o ano 2050 é possível produzir alimentos para toda a humanidade. As deficiências da Terra, segundo eles, seriam supridas por novas tecnologias e formas de utilização ótima das terras agricultáveis, com melhores nutrientes e agrotóxicos potentes.

Algo parecido ocorreu efetivamente a partir de 1960 com a assim chamada *revolução verde*. Ela teve o mérito de refutar a tese de Malthus, segundo o qual ocorreria um descompasso entre crescimento populacional, de proporções geométricas, e o crescimento alimentar, de proporção aritmética, produzindo um colapso na humanidade. A *revolução verde* comprovou que, com as novas tecnologias e uma melhor utilização das áreas agricultáveis, podia-se produzir muito mais do que a população demandava.

Tal previsão se mostrou acertada, pois houve um salto significativo na oferta de alimentos. Mas por causa da falta de equidade e de sentido humanitário, ausentes no sistema neoliberal e capitalista, milhões e milhões continuaram em situação de fome crônica e na linha da miséria. Vale observar que esse crescimento alimentar cobrou um custo ecológico extremamente alto: envenenaram-se os solos, contaminaram-se as águas, empobreceu-se a biodiversidade, além de provocar erosão e desertificação em muitas regiões do mundo, especialmente na África.

Tudo se agravou quando os alimentos se tornaram mercadoria como outra qualquer e não como meios de vida que, por sua natureza, jamais deveriam ser postos nos mercados, porque a vida é sagrada demais para ser transformada em objeto de compra e venda. Os alimentos entraram na lógica do mercado como *commodities*, sujeitos à especulação dos preços. A mesa está posta com suficiente comida para todos, mas os pobres não têm acesso a ela pela falta de recursos monetários. Continuam famintos e em número crescente. Com a superexploração das terras agricultáveis, a própria produção exige mais e mais insumos químicos e agrotóxicos que acabam por aprofundar a crise ambiental. Se a *revolução verde* trouxe benefícios, trouxe também malefícios graves para o meio ambiente, vital para os seres humanos e demais seres vivos.

O sistema neoliberal imperante ainda aposta neste modelo, pois não precisa mudar de lógica, tolerando conviver, cinicamente, com milhões e milhões de famintos, considerados zeros econômicos e óleo queimado, pois pouco produzem e pouco consomem, sendo irrelevantes para os objetivos do sistema econômico-social.

Esta solução, em razão daquilo que refletimos anteriormente, é míope, se não falsa, além de ser cruel e sem piedade diante dos semelhantes. Os que ainda defendem o atual sistema neoliberal imaginam que a história é linear, não tomam a sério o fato de que a Terra está, inegavelmente, à deriva, que há um problema grave de aquecimento crescente que produz grande erosão de solos, destruição de safras e milhões de emigrados climáticos, desarranjando politicamente regiões inteiras do mundo. Partem de um conceito coisístico e superado de Terra, como mero meio de produção e não como um superorganismo vivo, Gaia, do qual nós somos parte integrante, consciente e inteligente. Este modelo não representa uma resposta para a seguridade e sustentabilidade alimentar da humanidade.

O mesmo grupo *Agrimonde* sugere uma outra alternativa com um cenário menos dramático para a humanidade e para o ambiente. Parte de um pressuposto verdadeiro: quem entende de alimentos são os agricultores. Eles produzem 70% de tudo o que a humanidade consome. Eles devem ser ouvidos e inseridos em qualquer solução que se tomar, junto com a mobilização indispensável de toda a sociedade, pois se trata de sua sobrevivência.

O Papa Francisco enfatizou a importância das pequenas empresas face às dimensões grandiosas do agronegócio:

> Há uma grande variedade de sistemas alimentares rurais de pequena escala que continuam alimentando a maior parte da população mundial, utlizando uma porção reduzida de terreno e água e produzindo menos resíduos, quer em pequenas parcelas agrícolas e hortas, quer na caça e coleta de produtos silvestres, quer a pesca artesanal. As economias de larga escala especialmente no setor agrícola, acabam forçando os pequenos agricultores a vender as suas terras ou a abandonar suas culturas tradicionais. As tentativas feitas por alguns deles no sentido de desenvolverem outras formas de produção, mais diversificadas, resultam inúteis por causa da dificuldade de ter acesso aos mercados regionais e globais, ou porque a infraestrutura de venda e transporte está a serviço das grandes empresas. As autoridades têm direito e a responsabilidade de adotar medidas de apoio claro e firme aos pequenos produtores e à diversificação da produção (n. 129).

Dada a superpopulação humana, cada pedaço de solo deve ser aproveitado, mas dentro do alcance e dos limites de seu ecossistema; devem-se utilizar ou reciclar, o mais possível, todos os dejetos orgânicos, economizar ao máximo energia, desenvolvendo alternativas, favorecer a agricultura familiar, as pequenas e médias cooperativas. Por fim, tender a uma *democracia alimentar* na qual produtores e consumidores tomariam consciência das respectivas responsabilidades, munindo-se dos conhecimentos e das informações da real situação da vitalidade e suportabilidade do planeta, buscando produzir com um desgaste mínimo do capital natural e consumindo de forma diferente, solidária, frugal e sem desperdício e suntuosidade.

Neste contexto se fala de uma *dupla revolução verde* no seguinte sentido: aceita produzir na forma da primeira *revolução verde*, que implica um desgaste do capital natural, mas tentando minimizá-lo, e inaugura a *segunda revolução verde*, que demanda assumir, por parte dos consumidores, hábitos cotidianos diferentes dos atuais, mais conscientes, mais bem-informados dos constrangimentos ambientais e abertos à solidariedade, para que o alimento seja de fato um direito acessível a todos, indistintamente, sem fome e miséria no mundo. Como se combinam as duas formas de revolução verde, constitui um problema difícil, pois parecem contraditórias: uma implica destruição e a outra preservação.

Desconsiderando as contradições, podemos com esperança dizer: esta última alternativa poderia se inscrever dentro dos critérios de uma sustentabilidade razoável, desde que se façam mudanças substanciais no sistema atual industrialista ainda insuficientemente ecoamigável. Mas ela está sendo implementada, seminalmente, em todas as partes do mundo, por meio da agricultura orgânica, familiar, de pequenas e médias empresas, pela agroecologia, pelas ecovilas e outras formas mais respeitadoras da natureza, dando provas de que é viável e, talvez, tenha que ser o caminho obrigatório para a humanidade futura. Mas para isso urge uma mudança mais profunda, rumo a um outro paradigma civilizatório que implica uma nova atitude diante da Terra, tida como Gaia, reforçando sua biocapacidade ferida e sua força regenerativa diminuída.

4 A governança global do Sistema Terra e do Sistema Vida

Não haverá, seguramente, sustentabilidade geral se não surgir uma governança global, quer dizer, um centro multipolar com a função de coordenar democraticamente a humanidade. Esta configuração é uma exigência da globalização, pois esta implica o entrelaçamento de todos com todos dentro de um mesmo e único espaço vital que é o Planeta Terra. Mais dia menos dia uma governança global vai surgir, pois é uma urgência impostergável para enfrentar os problemas globais e garantir a sustentabilidade geral do Sistema Terra e do Sistema Vida. Caso contrário, todos corremos grave risco de enfrentamentos.

A ideia em si não é nova. Como pensamento, estava presente em Erasmo e em Kant e ganhou seus primeiros contornos reais com a Liga das Nações, após a Primeira Guerra Mundial e definitivamente depois da Segunda Guerra Mundial por meio da ONU. Mas esta funciona mal devido ao privilégio antidemocrático de algumas potências que detêm o direito de veto e assim inviabilizam qualquer encaminhamento global que vá contra os seus interesses. Organismos como o FMI, Banco Mundial, Organização Mundial do Comércio, da Saúde, do Trabalho, das Tarifas e do Comércio (Gatt) e a Unesco são organismos que expressam certa governança global.

Atualmente, o agravamento de problemas sistêmicos como o aquecimento global, a escassez de água potável, os conflitos intra e interestatais, os subsídios agrícolas e a exaustão progressiva dos recursos naturais e a degradação ambiental estão demandando urgentemente uma governança global.

A Comissão sobre Governança Global da ONU a define como "a soma das várias maneiras de indivíduos e instituições, públicas e privadas, administrarem seus assuntos comuns. É um processo contínuo por meio do qual conflitos ou interesses diversos podem ser acomodados e a ação cooperativa tem lugar [...]. No nível global, governança era vista primeiramente como sendo apenas as relações intergovernamentais, mas hoje já pode ser entendida como envolvimento de Organizações Não Governamentais, movimentos de cidadãos, corporações multinacionais e o mercado de capitais global" (veja o respectivo site na internet).

Outros qualificam a governança, distinguindo o seu nível vertical, chamado de *multilevel*, realizado entre autoridades políticas e os estados; e o nível horizontal, chamado simplesmente de *governança global*, entre corporações, atores civis de base global, ONGs globais, redes mundiais como a Via Campesina, Anistia Internacional, Green Peace e outras.

Esta globalização se dá também em nível *cibernético*, feita por redes globais envolvendo centenas de interconectados, articulando interesses globais coletivos, uma espécie de governança sem governo. Os atentados terroristas de repercussão global criaram também uma governança *securitária*, articulada pelos organismos de segurança das potências militaristas (veja SANTOS, J.C.B. *A evolução da ideia de governança global e sua consolidação no século XX*, 2006).

Estes são os conteúdos básicos da governança global: a paz e a segurança, evitando o uso da violência para resolver problemas regionais ou globais; o combate à fome e à pobreza que atinge mais de um bilhão de pessoas; a educação acessível a todos, para que participem dos bens simbólicos produzidos pelas diferentes culturas e se sintam atores da história; a saúde, que é um direito humano fundamental; moradia minimamente decente; direitos humanos pessoais, sociais, culturais e de gênero; direitos da Mãe Terra e da natureza, preservada para nós e para as futuras gerações.

Para garantir estes mínimos, comuns a todos os humanos e também à comunidade de vida, precisamos ir além do paradigma da Paz da Vestfália (1648), que encerrou a Guerra dos Trinta Anos entre várias nações europeias e fundou a soberania e a autonomia dos Estados. Por importantes que ainda sejam, os Estados são configurações que devem ser relativizadas; elas tendencialmente são destinadas a desaparecer em nome da unificação da espécie humana sobre o Planeta Terra, formando lentamente uma única história e projetando um destino comum. Como há uma só Terra, uma só humanidade, um só destino comum, deve surgir também uma só governança, una e complexa, que dê conta desta nova realidade planetizada e permita manter a humanidade unida e não bifurcada entre aqueles que se beneficiam de todos os recursos da natureza e da técnica (20% da humanidade) e aqueles que estão à margem, entregues à sua própria sorte (80%). No sentido da primazia da política sobre a economia, sublinha também o Papa Francisco fortalecimento de uma política global para a totalidade do globo terrestre.

> O século XX, mantendo um sistema de governaça próprio das épocas passadas, assiste a uma perda de poder dos Estados nacionais, sobretudo porque a dimensão econômico-financeira, de caráter transnacional, tende a prevalecer sobre a política. Neste contexto, torna-se indispensável a maturação de instituições internacionais mais fortes e eficazmente organizadas, com autoridades designadas de maneira imparcial por meio de acordos entre os governos nacionais e dotadas de poder de sancionar (n. 173).

Somente com este adensamento de forças em sinergia, articuladas entre si ao redor de alguns valores e princípios comuns (tão bem expressos na *Carta da Terra*), visando o bem comum da Terra e da humanidade no sentido da proteção da vitalidade e integridade do Planeta Terra e da garantia da continuidade de nossa civilização, podemos falar com objetividade e sem eufemismos desviantes de sustentabilidade.

5 Tentativa de uma definição integradora de sustentabilidade

Colocados estes pressupostos principais, entre outros que poderiam ser aduzidos, podemos tentar uma definição holística, vale dizer, a mais integradora e compreensiva possível de sustentabilidade. Ela pretende ser sistêmica (cada parte afeta o todo e vice-versa), ecocêntrica e biocêntrica.

Sustentabilidade é toda ação destinada a manter as condições energéticas, informacionais, físico-químicas que sustentam todos os seres, especialmente a Terra viva, a comunidade de vida, a sociedade e a vida humana, visando sua continuidade e ainda atender as necessidades da geração presente e das futuras, de tal forma que os bens e serviços naturais sejam mantidos e enriquecidos em sua capacidade de regeneração, reprodução e coevolução.

Expliquemos, rapidamente, os termos desta visão holística o mais includente possível.

• Sustentar todas as condições necessárias para o surgimento dos seres. Estes só existem a partir da conjugação das energias, dos elementos físico-químicos e informacionais que combinados entre si dão origem a tudo.

• Sustentar todos os seres: aqui se trata de superar radicalmente o antropocentrismo que via valor apenas no ser humano, e todos os demais seres estariam colocados a seu dispor e para o seu uso. Todos os seres constituem emergências do processo de evolução e gozam de valor intrínseco, independentemente do uso humano. Somos parte do universo. Formamos a comunidade cósmica. Em nosso ser estão presentes e atuantes todos os elementos que compõem os demais seres do universo. Por isso, a ideia de sustentabilidade também os inclui, pois tudo o que existe merece e deve continuar a existir e a revelar significados que o universo quer nos comunicar através deles.

• Sustentar especialmente a Terra viva. Acolhemos o que a ciência da vida e da Terra nos tem revelado de forma inequívoca: a Terra é mais do que o terceiro planeta do sistema solar e um meio de produção. Ela não produz apenas vida sobre seu espaço. Ela mesma é viva, autorregula-se, sofre, regenera-se, evolui. Se não garantirmos a sustentabilidade da Terra viva, chamada também de Gaia, tiramos a base para todas as demais formas de sustentabilidade. É fundamental garantirmos a integridade e a vitalidade da Mãe Terra, por isso falamos de seus direitos e de nossos deveres para com ela.

• Sustentar também a comunidade de vida. O meio ambiente não existe como algo secundário e periférico em nossas vidas. Nós não existimos: interexistimos e somos todos interdependentes. Os seres vivos formam a cadeia de vida, pois todos somos portadores do mesmo alfabeto genético. Há uma rede de vida, particularmente dos micro-organismos, em número de quintilhões de quintilhões que se escondem sob o solo e sustentam a vitalidade da Mãe Terra e a nossa própria vida (bilhões de bactérias habitam em nosso corpo). Essa comunidade de vida forma os biomas, revela a biodiversidade e é necessária para a continuidade de nossa vida neste planeta. Se não garantirmos a sustentabilidade da rede da vida (CAPRA, F. *A teia da vida*, 2008), a nossa própria vida não subsistirá.

• Sustentabilidade da vida humana. Somos um elo singular da rede da vida, o ser mais complexo, conhecido em nosso sistema e a ponta avançada do processo evolutivo por nós conhecido, pois somos portadores de consciência, de sensibilidade, de inteligência e de amor, qualidades supremas produzidas pelo processo da evolução. Sentimos que somos chamados a cuidar e guardar a Mãe Terra. Garantir a sustentabilidade da vida humana é garantir a continuidade da civilização e colocar sob vigilância também nossa capacidade destrutiva da natureza e de nós mesmos.

• A sustentabilidade se destina a manter a continuidade do processo evolutivo com os seres conservados e suportados pela Energia de Fundo ou a Fonte Originária de Todo o Ser. O universo possui um fim em si mesmo, pelo simples fato de existir, de se revelar e continuar se expandindo e se autocriando.

• Sustentabilidade no atendimento das necessidades humanas através do uso sábio, medido e suficiente dos bens e serviços que o cosmos e a Terra nos oferecem. Sem o atendimento de nossas necessidades sucumbiríamos, pois somos seres de necessidade, além de seres de liberdade. Sem esse atendimento infraestrutural a liberdade e a criatividade humana não se sustentariam.

• Sustentabilidade de nossa geração e das que seguirão a nossa. A Terra é suficiente para cada geração desde que esta estabeleça uma relação de sinergia e de cooperação com aquela e distribua os bens e serviços com equidade. O uso desses bens deve se reger pela solidariedade generacional. As futuras gerações têm o direito de herdarem uma Terra preservada e uma natureza dotada de bens capazes de satisfazerem as demandas de nossos descendentes.

• A sustentabilidade recobre também a comunidade de vida dentro da qual vive e convive o ser humano, vale dizer, os micro-organismos, a fauna e a flora, as paisagens e tudo que forma o mundo humano.

• A sustentabilidade se mede pela capacidade de conservar o capital natural, permitir que se recupere, refaça e, ainda, por meio da inteligência humana, possa ser melhorado para entregarmos às gerações futuras não uma Terra depauperada, mas enriquecida e ainda aberta a coevoluir, já que vem evoluindo há milhões e milhões de anos.

Esse conceito ampliado e integrador de sustentabilidade deve servir como medida de avaliação do quanto progredimos ou não em relação a ela e nos deve igualmente servir de instrumento para realizá-la nos vários campos da realidade e da atividade humana.

Por fim, a título de comparação, aduzimos um bem elaborado conceito de sustentabilidade que se move ainda dentro do paradigma convencional, sem considerar os ganhos da nova cosmologia de transformação. É do economista e pós-doutor em administração Christian Luiz da Silva: "Pode-se conceituar o *desenvolvimento sustentável* como um processo de transformação que ocorre de forma harmoniosa nas dimensões espacial, social, ambiental, cultural e econômica a partir do individual para global; estas dimensões são inter-relacionadas por meio de instituições que estabelecem as regras de interações e que também influenciam no comportamento da sociedade local" ("Desenvolvimento sustentável: um conceito multidisciplinar", apud SILVA, C.L. (org.). *Reflexões sobre o desenvolvimento sustentável*, 2005, p. 11-40, aqui p. 37).

7

Sustentabilidade e universo

Alguém poderia estranhar que coloquemos o universo em relação com a sustentabilidade, mas, se recordar o que escrevemos anteriormente sobre a nova cosmologia, irá considerar esse intento adequado e até necessário. E isso por várias razões.

Em primeiro lugar, somos todos parte do universo e todos feitos do mesmo pó cósmico que se originou com a explosão das grandes estrelas vermelhas. Somos construídos com os mesmos elementos que também construíram as galáxias e as estrelas. Por isso vigora um parentesco íntimo com o universo, constituído por 125 bilhões de galáxias que encerram mais de cem trilhões de estrelas, com um diâmetro de 30 bilhões de anos-luz. Em todos funciona o que chamamos de *matriz relacional* (*Relational Matrix*), ligando todos com todos.

Em segundo lugar, o universo e nós somos sustentados pela Energia de Fundo que nos mantém existentes e unidos.

Em terceiro lugar, as quatro energias fundamentais – a gravitacional, a eletromagnética, a nuclear forte e a fraca – estão incessantemente em ação, produzindo e equilibrando nossa existência. Como observava Niels Bohr, um dos fundadores da mecânica quântica: "Se deixo cair uma caneta, afeto a galáxia mais distante, pois a mesma energia gravitacional que fez cair a caneta está regulando a velocidade da galáxia".

Em quarto lugar, somos aquele ser no qual o próprio universo se volta sobre si mesmo, vale dizer, torna-se consciente. Se não somos o centro de tudo, seguramente somos uma daquelas pontas avançadas pelas quais o universo alcança altíssimo nível de complexidade, e por isso chega a uma incomparável culminância. O *princípio andrópico fraco* nos concede dizer que, para sermos o que somos, todas as energias e processos da evolução se organizaram de forma tão articulada e sutil, que permitiram o nosso surgimento; caso contrário, não estaríamos aqui. Portanto, houve uma sustentabilidade geral dos fatores que se ocultam atrás de nossa existência, sem que tenhamos consciência disso.

Em quinto lugar, pela nossa vista, o universo se vê e se contempla a si mesmo. Esta vista surgiu há 600 milhões de anos. Até lá a Terra era cega. O céu profundo e estrelado, as grandes cachoeiras, o verdor das florestas não podiam ser vistos. Agora, pela nossa vista, a Terra pode ver toda esta imensa realidade e aprecia as miríades de estrelas. Somos o órgão que o processo evolutivo gerou para que ela pudesse se ver, ouvir e dar-se conta de sua existência. O mesmo vale para o universo.

Os povos originários como os andinos, quéxuas e aymaras, os mapuches da Patagônia, os maias e incas na América Central, os sioux e iroqueses dos Estados Unidos, os samis do Ártico e outros se sentiam unidos ao universo como irmãos e irmãs das estrelas. Sentiam a todos os seres do céu e da Terra como uma grande família. A sabedoria deles expressava a sua conexão universal mediante diversos conceitos. O sentido do *logos* grego possui uma dimensão cósmica como a ordenação racional de todas as coisas. Para os hindus se expressava pelo *rito*, ou pelo *dharma* para o budismo, pelo *Tao e pelo yin e yang* para a tradição do zen-budismo, pelo *axé* para as tradições nagô e yoruba africanas e pelo *pneuma* para os judeu-cristãos. Estes nomes queriam representar forças cósmicas que equilibravam o curso de todos os seres e atuavam em nossa interioridade. Viver consoante estas energias universais era levar uma vida sustentável e cheia de sentido.

Sabemos pela física quântica que a consciência e o mundo material estão conectados, e a maneira que um cientista escolhe para fazer a sua observação afeta o objeto observado. Observador e objeto observado se encontram ligados um ao outro de forma significativa. Daí que a inclusão da consciência nas teorias científicas e na própria realidade do cosmos é um dado já assimilado pela maioria da comunidade científica. Formamos, efetivamente, um todo complexo e diversificado.

São conhecidas as figuras dos xamãs, tão presentes no mundo antigo e que hoje estão voltando com renovado vigor (veja DROUOT, J. *O xamã, o físico e o místico*, 2002). O xamã vive um estado de consciência singular que o faz entrar em contato íntimo com as energias cósmicas. Ele entende o chamado das montanhas, dos lagos, das florestas e as mensagens dos pássaros e dos animais. Sabe conduzir tais energias para fins curativos e para harmonização com o todo.

Em cada ser humano existe a dimensão xamânica, escondida em sua realidade interior. Essa energia xamânica nos faz vibrar diante da beleza do mar, silenciar e encher de respeito e de veneração diante de uma noite estrelada, e estremecer diante da vida de uma criança que nasce (veja BERRY, T. *O sonho da Terra*, 1991). Precisamos liberar esta dimensão em nós para entrarmos em sintonia com tudo o que nos cerca.

Talvez nossa vontade de viajar na direção do espaço cósmico com nossas naves espaciais seja o desejo arquetípico de buscar nossas origens estelares e o ímpeto de regressar ao lugar de nosso nascimento. Vários astronautas expressaram estas ideias (veja WHITE, F. *The Overview Effecht*, 1987).

Pertence à noção compreensiva de sustentabilidade esta nossa busca incontida de equilíbrio com o Todo e de nos sentirmos parte do universo. A sustentabilidade comporta valorizar este capital humano e espiritual, cujo efeito é produzir em nós respeito, sentido de sacralidade diante de todas as realidades, valores que alimentam a ecologia profunda e que nos ajudam a respeitar e a viver em sintonia com a Mãe Terra. A sustentabilidade integradora visa tal propósito.

Concluímos com um pequeno poema de um líder Cherokee, Norman H. Russel:

> Assim como uma árvore não termina na ponta de suas raízes ou de sua copa / assim como um pássaro não termina em suas penas ou em seu voo / assim como a terra não termina na montanha mais alta / assim eu também não termino no meu braço, no meu pé ou na minha pele / mas ininterruptamente me estendo para fora, pelo espaço e pelo tempo / com minha voz e meu pensamento / pois minha alma é o universo (STEINER, R. *Gott schläft im Stein*, 1970, p. 17).

8

Sustentabilidade e a Terra viva

Há três grandes descobertas científicas que estão modificando nosso olhar sobre a Terra.

A primeira é a comunidade cósmica: todos os seres existentes, das estrelas aos seres humanos, são construídos pelos mesmos elementos físico-químicos, forjados, há muitos bilhões de anos, no coração das grandes estrelas (Tabela Periódica de Mendeleiev atualizada, com 106 elementos); é a isonomia fundamental do universo.

A segunda é a comunidade de vida: todos os seres vivos, das bactérias aos seres humanos, são portadores do mesmo código genético de base, os mesmos aminoácidos e as mesmas bases fosfatadas; apenas as combinações diferentes destes elementos constituem as diferenças e fundam a biodiversidade.

A terceira é a constatação de que a Terra é viva, um gigantesco superorganismo, chamado Gaia, que se autorregula de tal forma que se torna apto para gerar permanente vida e se autorregenerar.

Estes dados de ciência empírica colocam a Terra como um momento da história do universo em evolução (cosmogênese), dentro da história da vida (biogênese) e dentro da história da consciência (antropogênese).

O que se verifica, antes de tudo, é a enorme capacidade de adaptação e de transformação que a Terra viva possui. Por exemplo, desde a irrupção da vida, há 3,8 milhões de anos, a luz solar enviada à Terra cresceu 30%. Isto bastaria para calcinar toda a vida do planeta, mas tal fatalidade não ocorreu, porque a Terra soube se defender, criando mecanismos atmosféricos que protegessem a sua cria, a vida. A Terra passou por inúmeras dizimações que quase puseram fim ao seu capital biótico, mas ela mostrou grande resiliência, regenerou-se e coevoluiu até os dias de hoje.

Atualmente, no entanto, ela está sofrendo um ataque generalizado contra seus ecossistemas, contra seus bens e serviços. É a razão primeira para relacionarmos o planeta com a noção de sustentabilidade, definida anteriormente.

Urge implementar a sustentabilidade nos cinco componentes principais que a compõem: na geosfera, na hidrosfera, na atmosfera, na biosfera e na antroposfera ou noosfera.

1 As frentes da sustentabilidade para a Terra

Na frente da *geosfera* precisamos garantir a continuidade dos elementos geológicos que garantem sua configuração e paisagens. A intervenção humana alterou a química do planeta e mudou até as estruturas geológicas que se formaram ao longo de bilhões de anos. A salinização dos oceanos foi afetada, dizimando os corais e o plâncton, que, junto com as florestas, é fundamental para a oxigenação de todo planeta.

Só criaremos sustentabilidade nesta frente geofísica se assumirmos seriamente o princípio do cuidado e da precaução e desenvolvermos realmente um sentimento de mútua pertença e de responsabilidade universal. Dito na linguagem da moderna cosmologia: estas atitudes representam a curvatura do espaço no nível humano. A curvatura do cuidado faz com que o universo e a Terra se inclinem para dentro de si mesmos e confiram coesão e sustentabilidade a si mesmos e a todos os seres que se encontram sempre interconectados. Nossas atividades industrialistas estão desestruturando este processo.

Em relação à *hidrosfera* precisamos com urgência frear a crescente escassez de água pelo mau uso dela. Somente 3% de toda a água é doce; deste pouco somente 0,7% é acessível aos seres humanos. O restante se esconde em aquíferos profundos, nas calotas polares e nos altos nevados das montanhas. Ainda assim 20% daqueles 0,7% vão para as indústrias, 10% para a agricultura e o restante para o consumo humano e para a sedentação dos animais. Haveria água suficiente para todos, mas ela é desigualmente distribuída: 60% se encontram em apenas nove países, enquanto que 80 outros enfrentam escassez. Pouco menos de um bilhão de pessoas consome 86% da água existente, enquanto ela é insuficiente para 1,4 bilhão (em 2020 serão três bilhões) e para dois bilhões não é tratada, o que gera 85% das doenças constatáveis, segundo dados da Organização Mundial da Saúde. Presume-se que em 2032 cerca de cinco bilhões de pessoas serão afetadas pela crise de água. Além do problema de escassez há má gestão dela.

O Brasil é a potência natural das águas, com 13% de toda água doce do planeta, perfazendo 5,4 trilhões de metros cúbicos. Apesar da abundância, 46% dela é desperdiçada, o que daria para abastecer toda a França, a Bélgica, a Suíça e o norte da Itália.

Por ser um bem cada vez mais raro, ela é objeto da cobiça daqueles que querem fazer dinheiro com sua comercialização. Por isso nota-se uma corrida mundial para a privatização da água, e então surge o dilema ético-político: A água é fonte de vida ou fonte de lucro? É um bem natural, vital e insubstituível ou um bem econômico e uma mercadoria? Evidentemente ela é um bem natural insubstituível, sem o qual a vida não resiste. O Papa Francisco o diz com clareza:

Enquanto a qualidade da água disponível piora constantemente, em alguns lugares cresce a tendência para se privatizar esse recurso escasso, tornando-se uma mercadoria sujeita às leis do mercado. Na realidade, o acesso à água potável e segura é um direito humano essencial, fundamental e universal, porque determina a sobrevivência das pessoas e, portanto, é condição para o exercício dos outros direitos humanos. Este mundo tem uma grave dívida social para com os pobres que não têm acesso à água potável, porque isto é negar-lhes o direito à vida radicado na sua dignidade inalienável (n. 30).

A sustentabilidade da água depende fundamentalmente das florestas. Estas são responsáveis pela umidade do ar e pela manutenção dos rios e das nascentes.

Conferir sustentabilidade da água é usá-la responsavelmente, reusá-la e manter sua pureza contra a contaminação de agrotóxicos. É necessário impedir, por todos os meios, que a água seja levada aos mercados como *commodity*, pois se ela é vida, então é vetado fazer da vida uma mercadoria. Ela deve ser mantida, criar condições para se reciclar, ter repouso e tempo para refazer seus nutrientes. O tema da água, necessária a todos os seres vivos, reforça a ideia de uma governança global. Por esta razão, formou-se o Grupo de Lisboa e de Florença, composto por cientistas, ecólogos e políticos que postulam urgentemente um pacto social mundial ao redor deste bem tão vital, pois todos dependem dele.

Em relação à *atmosfera* não são menores os desafios. Já os abordamos anteriormente quando tratamos do aquecimento global, fruto do excesso de dióxido de carbono na atmosfera (27 bilhões de toneladas/ano), acrescido pelo metano, que é 23 vezes mais agressivo que o anterior e outros gases de efeito estufa. Essa fina camada que cerca a Terra nos defende do excesso dos raios ultravioleta, nocivos à vida, e constitui o entorno vital de todos os seres vivos.

A poluição, particularmente nas cidades, está afetando a saúde de toda a Terra, dos humanos, das florestas, das águas e da biodiversidade.

Cuidar da sustentabilidade da atmosfera implica evitar todo tipo de queimada, lentamente substituir a energia fóssil (petróleo e gás) por energia limpa: eólica, solar, geofísica, das marés e da biomassa, controlar a emissão de gases tóxicos que a envenenam e reciclar os dejetos industriais ou anular seu caráter tóxico. As gerações futuras têm direito de herdar um ar respirável e uma atmosfera que garanta as paisagens e a biodiversidade.

No que se refere à *biosfera* residem as maiores ameaças que afetam o Sistema Vida e a continuidade da espécie humana. Sabemos com que capricho o universo organizou todas as medidas que permitissem a emergência da vida. Se a Terra ficasse mais perto do Sol, tornar-se-ia quente demais; um pouco mais longe, esfriaria demasiadamente, e a vida seria impossível. Se ficasse mais próxima da Lua, as marés cobririam os continentes; se mais afastada, as águas oceânicas ficariam estagnadas e a vida não teria irrompido. Da mesma forma, se o raio terrestre fosse um pouco maior, a Terra reteria mais quantidade de gases, como Júpiter; um pouco menor, a Terra ficaria mais sólida como Marte. Em todos esses casos, ou não teria aparecido a vida ou ela seria totalmente diferente do que atualmente é (veja BERRY, T. *O sonho da Terra*, p. 224).

Este equilíbrio está sendo quebrado nos últimos decênios pela intervenção irrefletida do processo industrialista/consumista nos ritmos da vida e da natureza. Ecólogos como Wilson, Lovelock e Lutzenberger chegaram a chamar o ser humano de satã da Terra e biocida, quando sua vocação é ser o guardião e o cuidador do Jardim do Éden, quer dizer, da beleza da Terra (veja BOFF, L. *Ser humano: satã da Terra ou anjo bom*, 2002).

Hoje todas as formas de vida estão ameaçadas. Daí ser urgente garantirmos a sustentabilidade de seus ciclos. Em primeiríssimo lugar vêm aqueles seres invisíveis, pois são os mais decisivos para a perpetuidade da vida: os micro-organismos, escondidos nos solos, nos mangues e nas vegetações: as bactérias, os vírus, os protozoários e os fungos. Os vermes nematoides (de formato cilíndrico) constituem, segundo o biólogo Edward Wilson, 4/5 de todos os seres vivos da Terra. Os insetos, especialmente as abelhas (que estão misteriosamente desaparecendo) e os morcegos, são fundamentais para a polinização das plantas. Afirma o mesmo biólogo que "se os insetos desaparecessem, o meio ambiente terrestre logo iria entrar em colapso e mergulhar no caos" (*A criação – Como salvar a vida na Terra*, 2008, p. 42).

Percebemos quão importante é a comunidade de vida e a biosfera, que propicia as condições de manutenção e reprodução da vida. Esta biosfera somente poderá continuar se for mantida a biodiversidade e for reduzida drasticamente a dizimação de espécies. Com sua diminuição, diminui também a biosfera, que é feita em grande parte pelos próprios seres vivos em benefício próprio.

Na frente da *antroposfera ou noosfera* se encontram hoje os riscos mais ameaçadores. Até o surgimento dos seres humanos, a Terra era conduzida pelas forças diretivas do universo e se verificava uma lógica e um propósito ascendente: da energia às partículas, das partículas ao átomo, do átomo à célula, da célula ao organismo, do organismo à vida, da vida à consciência e da consciência à noosfera (consciência coletiva da espécie humana globalizada). Com a entrada do ser humano, portador de inteligência e de liberdade, ocorreu uma copilotagem neste processo. A Terra associou a si os humanos, que são sua porção mais complexa e consciente. Estes estão se voltando contra si mesmos, porque se organizaram de tal maneira que podem pôr a perder o seu futuro como espécie. Logicamente a Terra continuará, mas sem os humanos. Como reinventar o ser humano para que ele seja amigo de si mesmo e amante da Mãe Terra? Este amor à vida, chamado por E. Wilson de *biofilia*, deveria ser incutido em todas as pessoas, a começar pelas crianças em casa e nas escolas. Se não amarmos e respeitarmos cada ser não saberemos amar e respeitar a Mãe Terra. Essa é a grande revolução ética que urge implementar.

A sustentabilidade implica resgatar aquela visão e aqueles valores tão bem representados pelo discurso do Cacique Seattle, da etnia dos Duwamish, proferido diante de Isaac Stevens, governador do território de Washington, em 1856:

> De uma coisa sabemos: a Terra não pertence ao homem. É o homem que pertence à Terra. Todas as coisas estão interligadas entre si. O que fere a Terra, fere também os filhos e filhas da Mãe Terra. Não foi o homem que teceu a teia da vida; ele é meramente um fio da mesma. Tudo que fizer à teia, a si mesmo fará [...]. Comprenderíamos as intenções do homem branco se conhecêssemos os seus sonhos, se soubéssemos quais as esperanças que transmite a seus filhos e filhas nas longas noites de inverno e quais as visões de futuro que oferece às suas mentes para que se possam formular desejos para o dia de amanhã (todo o texto em BOFF, L. *Ecologia: grito da Terra*, 1995, p. 336-341).

Até o presente momento, o sonho do homem branco é dominar a Terra e submeter todos os demais seres. Esse sonho se transformou num pesadelo. Como nunca antes, o apocalipse pode ser realizado por nós mesmos. Por isso impõe-se uma reconstrução de nossa humanidade e de nossa civilização para que seja sustentável no sentido de restabelecer o pacto natural com a Terra, e considerar todos os demais seres, verdadeiramente como irmãos e irmãs, e assim serem tratados. Temos que reinventar a existência na Terra e projetar utopias generosas que realizam o casamento entre ela e o céu (veja nosso livro de mitos ecológicos de origem indígena: *O casamento entre o céu e a terra*, 2003). Se não houver um regresso à Mãe Terra como o filho pródigo da parábola de Jesus, e se não vivermos com ela uma relação de reciprocidade, devolvendo em respeito e cuidado o que diariamente nos presenteia, dificilmente sobreviveremos. Ela pode não nos querer mais junto de si. A sustentabilidade aqui é essencial. Ou ela se imporá ou conheceremos uma tragédia para a espécie humana.

Mas a Terra sempre nos envia sinais positivos. Apesar do aquecimento global, da contaminação atmosférica, da agressão contra a biodiversidade, o sol continua nascendo e nos iluminando, o sabiá cantando de manhã, as flores sorrindo com suas cores tão variadas, os colibris esvoaçando por sobre os botões dos lírios, as crianças continuando a nascer e a nos confirmar que Deus ainda confia na humanidade e que ela sempre terá futuro.

2 A renovação do contrato natural Terra/humanidade

Por todas as partes cresce a consciência de que os direitos não podem se restringir apenas aos seres humanos, como se somente nós, humanos, tivéssemos valor. Todos os seres possuem valor intrínseco, valor que implica um direito de poder continuar a existir e participar do processo da evolução ainda em curso.

No dia 22 de abril de 2009, após longas e difíceis negociações, a Assembleia da ONU acolheu a ideia, por votação unânime, de que a Terra é Mãe. Esta declaração é carregada de significado. Terra como solo e chão pode ser mexida, utilizada, comprada e vendida. Terra como Mãe impossibilita esta prática porque devemos respeitá-la e cuidar como o fazemos com nossas mães. Este comportamento conferirá sustentabilidade ao nosso planeta, pois lhe reconhecemos valores e direitos.

O Presidente da Bolívia, o indígena aymara Evo Morales Ayma, vem repetindo que o século XXI será o século dos direitos da Mãe Terra, da natureza e de todos os seres vivos. Em seu pronunciamento na ONU, no dia 22 de abril de 2009, elencou alguns destes direitos da Mãe Terra:

- o direito de sua regeneração e de sua biocapacidade;

- o direito à vida, garantido a todos os seres vivos, especialmente àqueles ameaçados de extinção;

- o direito de uma vida pura, porque a Mãe Terra tem o direito de viver livre de contaminações e poluições de toda ordem;

- o direito do bem-viver, propiciado a todos os cidadãos;

- o direito à harmonia e ao equilíbrio com todas as coisas da Mãe Terra;

- o direito de conexão com a Mãe Terra e com o Todo do qual somos parte.

Esta visão permite renovar o contrato natural para com a Terra que, articulado com o contrato social entre os cidadãos, acaba por reforçar a sustentabilidade planetária.

Todo contrato é feito a partir da reciprocidade, da mutualidade, da troca de dons e do reconhecimento de direitos. Da Terra recebemos tudo o que precisamos para viver. Isso implica um dever de gratidão e de retribuição em nós em termos de manutenção das condições ecológicas que lhe garantem fazer o que sempre fez para nós e para todos os demais seres vivos.

9

Sustentabilidade e sociedade

Antes de garantir um desenvolvimento sustentável precisamos assegurar uma sociedade sustentável que então encontrará para si aquele desenvolvimento que lhe seja realmente sustentável.

1 Resgatar o sentido originário de sociedade

A primeira tarefa consiste em resgatar o sentido originário de sociedade que foi em grande parte perdido pela cultura do capital, pelo individualismo a ele inerente e pela centralidade conferida ao capital e ao mercado sobre as pessoas e os interesses coletivos dos cidadãos.

A sociedade deriva diretamente da natureza humana, que é essencialmente social e política. O ser humano é um indivíduo social. As pessoas decidem viver juntas, estabelecem um contrato social entre elas, pelo qual definem os objetivos comuns, os valores compartilhados e quais comportamentos são aceitáveis e quais não.

Toda sociedade gira ao redor de três eixos entrelaçados entre si: o *econômico*, pelo qual se garante a infraestrutura material para a vida; o *político*, que define o tipo de organização que os cidadãos desejam e as formas de exercício e distribuição do poder; o *ético*, que são os valores e princípios que informam as práticas e dão sentido coletivo à vida social dentro de uma aura espiritual da vida.

A virada acontecida nos últimos decênios consistiu em fazer do econômico o eixo estruturador praticamente exclusivo da organização da sociedade, relegando a um plano secundário e irrelevante o social e o ético. Tudo foi feito mercadoria.

Não se pode falar em sociedade sustentável sem antes refazer o equilíbrio perdido dos três eixos estruturadores da convivência social. Em sociedades coesas e sadias a economia vem submetida à política, a política se orienta pela ética, e a ética se inspira em valores intangíveis e espirituais que assinalam um sentido transcendente à vida e à história, pois tal preocupação está sempre presente nos seres humanos em sociedade.

A economia que submete a política e a política que manda para o limbo a ética é criticada pelo Papa Francisco em sua encíclica:

> O paradigma tecnocrático tende a exercer o seu domínio sobre a economia e a política. A economia assume todo o desenvolvimento tecnológico em função do lucro, sem prestar atenção a eventuais consequências negativas para o ser humano... A política não deve se submeter à economia, e esta não deve submeter-se aos ditames e ao paradigma eficientista da tecnocracia. Pensando no bem comum, hoje precisamos imperiosamente que a política e a economia, em diálogo, coloquem-se decididamente a serviço da vida, especialmente da vida humana (109 e 189).

2 A democracia socioecológica: base da sustentabilidade

O caminho mais curto para se alcançar uma sociedade sustentável parece ser a realização da democracia, entendida como a forma de organização mais adequada à natureza social dos seres humanos e à própria lógica do universo, pois se baseia na cooperação, na solidariedade e na inclusão de todos, também dos mais vulneráveis. A democracia parte do princípio de que todos são iguais e que, nas coisas que interessam à coletividade, todos têm o direito de participar das decisões.

Conhecemos a democracia *direta* pela qual a totalidade dos cidadãos participa, como na Suíça; a democracia *representativa*, pela qual representantes eleitos pelos cidadãos decidem em nome de todos; há ainda a democracia *participativa*, pela qual os cidadãos, por suas organizações e movimentos, e junto com os representantes eleitos, participam nas soluções que interessam a todos; ultimamente está ganhando relevância a *democracia comunitária*, exercida pelas culturas andinas, nas quais o sentido comunitário é determinante; as comunidades articuladas entre si participam das decisões coletivas, acentuando sempre a busca do equilíbrio entre todos e com as forças da natureza em função do "bem-viver"; por fim, segundo alguns, estaríamos rumando na direção de uma *superdemocracia planetária* (veja ATTALLI, J. *Uma breve história do futuro*, 2008), que resulta da consciência de que formamos, como humanos, uma única espécie e que já estamos dentro da nova fase da história, a planetária, na qual todos participamos de um mesmo destino comum. Não temos outra alternativa senão vivermos pacificamente na mesma Casa Comum, o Planeta Terra. Caso contrário, podemos nos autodevorar. A *superdemocracia planetária* seria o componente principal da governança global.

Todas estas formas de democracia ainda são centradas no ser humano (antropocêntricas) e não incluem os demais membros da comunidade de vida. Por isso, para garantirmos, realmente, uma democracia sustentável, ela deve ser *socioecológica*. Este tipo de democracia nova é urgente porque, como asseverou o sociólogo francês Alain Touraine em seu livro *Após a crise* (2011), "ou a crise acelera a formação de uma nova sociedade ou vira um tsunami que poderá arrasar tudo o que encontrar pela frente, pondo em perigo mortal nossa própria existência no Planeta Terra" (p. 49, 115).

A *democracia socioecológica* parte do pressuposto de que existe a comunidade de vida da qual nós somos parte e sem a qual não viveríamos. Uma cidade não vive apenas de cidadãos e de instituições, mas também de paisagens, animais, plantas, rios, lagos, montanhas, ar, chuvas e todos os seres da natureza. Eles são portadores, como a Mãe Terra, de direitos, porque possuem valor intrínseco e gozam de certa subjetividade. Em razão disso, devem ser incluídos em nosso conceito de democracia ampliada. Esta integração, se vivida realmente, trará equilíbrio e sustentabilidade à sociedade.

3 Como poderia ser uma sociedade sustentável

Colocadas estas premissas, poderíamos definir uma sociedade sustentável da seguinte forma:

Uma sociedade é sustentável quando se organiza e se comporta de tal forma que ela, através das gerações, consegue garantir a vida dos cidadãos e dos ecossistemas nos quais está inserida, junto com a comunidade de vida. Quanto mais uma sociedade se funda sobre recursos renováveis e recicláveis, mais sustentável se torna. Isso não significa que não possa usar de recursos não renováveis, mas, ao fazê-lo, deve praticar grande racionalidade, especialmente por amor à única Terra que temos e em solidariedade para com gerações futuras. Há recursos que são abundantes como o carvão, o alumínio e o ferro, com a vantagem de que podem ser reciclados.

Uma sociedade só pode ser considerada sustentável se ela mesma, por seu trabalho e produção, tornar-se mais e mais autônoma. Se tiver superado níveis agudos de pobreza ou tiver condições de crescentemente diminuí-la. Se seus cidadãos estiverem ocupados em trabalhos significativos. Se a seguridade social for garantida para aqueles que são demasiadamente jovens ou idosos ou doentes e que não podem ingressar no mercado de trabalho. Se a igualdade social e política, também de gênero, for continuamente buscada. Se a desigualdade econômica for reduzida a níveis aceitáveis.

Por fim, uma sociedade é sustentável se os seus cidadãos forem socialmente participativos, cultivarem um cuidado consciente para com a conservação e regeneração da natureza e destarte puderem tornar concreta e continuamente perfectível a democracia socioecológica. Por estes critérios, a maioria dos países do mundo está ainda longe de ser considerada uma sociedade sustentável.

Tal sociedade sustentável deve se colocar continuamente a questão: Com seus cuidados socioecológicos, de que forma está garantindo a continuidade do planeta e da vida sobre ele? Com o capital natural e cultural de que dispõe, quanto de bem-estar pode oferecer ao maior número possível de pessoas e aos seres da comunidade de vida, especialmente aos mais vulneráveis e ameaçados de extinção?

Como todas as causas importantes, esta visão possui forte carga utópica. Mas como diria Boaventura de Souza Santos, um dos grandes analistas do processo de globalização a partir da perspectiva das massas marginalizadas: "A única utopia possível é a utopia ecológica e democrática, porque chegamos ao limite de um ecossistema finito e de uma acumulação capitalista infinita" (*Pela mão de Alice – O social e o político na Pós-modernidade*, 1995). Temos que reinventar uma nova forma de viver benevolamente sobre a Terra.

10

Sustentabilidade e desenvolvimento

Garantida a sustentabilidade da Terra e da sociedade, cabe agora, e somente agora, abordar o espinhoso tema da sustentabilidade e do desenvolvimento.

1 Pressupostos para a sustentabilidade

O desenvolvimento que vigora em quase todos os países, pelas considerações críticas que fizemos, não pode ser considerado sustentável. Não obstante, precisamos viver. Por isso, necessitamos produzir com certo nível de crescimento e de desenvolvimento. A questão toda se resume nisso: Como fazê-lo para beneficiar a todos os seres vivos e principalmente os seres humanos com um bem-viver suficiente e decente, de tal forma que a curto, médio e longo prazos possamos manter o capital vital da Mãe Terra, necessário para as presentes e futuras gerações? Para alcançar este objetivo se busca a sustentabilidade que, para merecer este nome, exige-nos fazer uma revolução conceitual e prática da magnitude das grandes revoluções havidas no passado, como a do Neolítico (agricultura) e a dos tempos modernos (industrialização/automação). Para isso, importa assegurar a vigência de alguns pressupostos:

- garantir a vitalidade do Planeta Terra com seus ecossistemas (comunidade de vida);
- assegurar as condições de persistência da espécie humana e de sua civilização;

- manter o equilíbrio da natureza;
- tomar a sério os danos causados pelo ser humano à Terra e a todos os biomas;
- dar-se conta dos limites do crescimento;
- controlar de forma não coercitiva o crescimento da população;
- reconhecer a urgência de mudança de paradigma civilizacional e perceber a capacidade inspiradora da nova cosmologia de transformação, para que haja efetivamente sustentabilidade;
- entender o ser humano como portador de duas fomes: uma de pão, que é saciável (quantidade), e outra de beleza (qualidade), de transcendência, de compreensão e de amor, que é insaciável (expressão cunhada pelo poeta cubano Roberto Retamar e difundida por Frei Betto e por outros).

2 Como passar do capital material ao capital humano

Nós, seres humanos, somos seres biologicamente carentes (*Mangelwesen*, do biólogo Portman e do filósofo Gehlen). Não possuímos nenhum órgão especializado, como o tem os animais, que garanta diretamente nosso sustento. Um recém-nascido não desce de seu berço e se põe a procurar alimento. Precisa ser cuidado pela mãe ou por alguém e, mais tarde, quando independente, tem que trabalhar, intervindo na natureza, para dela tirar o seu sustento. Nas sociedades complexas como as nossas, isso é realizado mediante um vasto aparato de tecnologias e de aptidões. Tal diligência foi feita, durante milênios, com tanta intensidade e com inconsciente descuido dos limites da Terra e dos ecossistemas regionais, que deu origem à crise ecológico-social amplamente analisada anteriormente (veja

ARRUDA, M. *Humanizar o infra-humano – A formação do ser humano integral*, 2003).

O dilema que se põe é este, bem formulado por María Novo, diretora da Cátedra da Unesco de Educação Ambiental e Desenvolvimento Sustentável, em Madri (*El desarrollo sostenible: su dimensión ambiental y educativa*. Unesco 2006, p. 167): Ao produzir, *como ganhar mais?* Este é o propósito central do pensamento econômico/industrialista/consumista/capitalista dominante que supõe a dominação da natureza e a busca do benefício econômico. No modelo de desenvolvimento sustentável também se procura produzir, mas sempre com a atenção voltada para a manutenção da vitalidade da Terra, para a comunidade de vida e para as pessoas humanas da presente e das futuras gerações. Nesse modelo coloca-se a pergunta: Como produzir, vivendo em harmonia com a natureza, com todos os seres vivos, com os seres humanos e com o divino?

Na resposta a esta questão se decide se o desenvolvimento é bom e sustentável ou se é desviado e insustentável. Também o Papa Francisco enfatizou a necessidade de a produção e o consumo se articularem com certa harmonia e em consonância aos ritmos da natureza:

> Todo o esforço de cuidar e melhorar o mundo requer mudanças profundas nos estilos de vida, nos modelos de produção e de consumo, nas estruturas consolidadas de poder que hoje regem a sociedade. O progresso humano autêntico possui um caráter moral e pressupõe o pleno respeito pela pessoa humana, mas deve prestar atenção também ao mundo natural e ter em conta a natureza de cada ser e as ligações mútuas entre todos, num sistema ordenado... Ainda não se conseguiu adotar um modelo circular de produção que assegure recursos para todos e para as gerações

futuras e que exige limitar, o mais possível, o uso dos recursos não renováveis, moderando o seu consumo, maximizando a eficiência no seu aproveitamento, reutilizando e reciclando-os (n. 5 e 22).

Para encaminharmos uma resposta minimamente sensata e viável de desenvolvimento sustentável devemos distinguir, como o fazem muitos economistas e também o Banco Mundial, quatro formas básicas de capital: o *natural*, constituído pela dotação de recursos naturais que cada país conta; o capital, *construído* pelo ser humano que inclui o que ele fez em termos de infraestrutura material, bens de capital, financeiro, comercial e outros; o capital *humano*, determinado pelos graus de nutrição, saúde, educação, de cultura e de segurança de sua população; e o capital *social*, constituído pelo conjunto de aptidões, hábitos, valores, visões de mundo, grau de confiança, coesão, cooperação e comportamentos cívicos desenvolvidos pelas próprias populações no seu afã de organizar sua subsistência cotidiana, pessoal e social. Cada forma de capital permite ou dificulta um tipo de desenvolvimento com sua correspondente sustentabilidade.

Para facilitar nossa análise e em consonância com nossa visão anteriormente exposta, reduziria as formas do capital a quatro: o *natural, o material, o humano e o espiritual.* É na articulação destes quatro que se gera um desenvolvimento sustentável.

Do capital *natural* não precisamos nos referir, pois foi abordado largamente nos capítulos anteriores. O capital *material* é aquele construído pelo trabalho humano sob condições de exploração da força de trabalho e de degradação da natureza, vigente até os dias de hoje.

Já fizemos anteriormente a crítica deste tipo de capital material. Ele criou principalmente crescimento econômico, mas carente de sustentabilidade. O capital *humano* como a cultura, as artes, as visões de mundo, a cooperação, realidades que não podem ser anuladas porque pertencem à essência da vida humana, construiu-se dentro do capital *material*. Este o submeteu a constrangimentos, pois fez, dos bens culturais, também mercadoria. Como denunciou recentemente David Yanomami, xamã e cacique, num livro lançado na França sob o título *A queda do céu*: "Vocês, brancos, são o povo da mercadoria, o povo que não escuta a natureza porque só se interessa por vantagens econômicas" (veja o site desinformemonos.org). O mesmo se deve dizer do capital *espiritual*. Ele pertence também à natureza do ser humano; em qualquer condição, mesmo sob o peso do capital *material*, nunca se puderam silenciar as questões ligadas ao *espiritual*, como o sentido da vida e do universo, o que podemos esperar para além da morte, os valores de excelência como o amor, a amizade, a compaixão e a abertura ao sagrado e ao divino. Mas devido à predominância do *material*, o *espiritual* se encontra anêmico e não pôde ainda mostrar toda sua capacidade de transformação e de criação de equilíbrio e de sustentabilidade à vida humana, à sociedade e à natureza.

O desafio que se apresenta hoje é como passar do capital *material* ao capital *humano*. Logicamente, o humano não dispensa o capital *material*. Este sempre fornece, em última instância, a infraestrutura para tudo, pois um cadáver não cria valores nem se interroga sobre o destino da vida e do universo. Precisamos de certo crescimento material para garantir, com suficiência e decência, a subsistência material da vida, sempre atentos aos limites impostos pela capacidade de reposição e regeneração do ecossistema regional e da Terra em geral.

No entanto, não podemos nos restringir ao crescimento, porque ele não é um fim em si mesmo. Não faz sentido acumular por acumular. Ele se ordena ao desenvolvimento integral do ser humano. O desenvolvimento, como já foi assinalado, é um conceito abrangente e holístico que cobre as distintas dimensões do ser humano, que vão muito além das materiais. É a dimensão da *beleza* e de seus derivados (veja ARRUDA, M. *Tornar real o possível – A formação do ser humano integral*, 2006).

Modernamente, foi Amarthya Sen, indiano e Prêmio Nobel de Economia de 1998, quem melhor nos ajudou a compreender o que seja o desenvolvimento humano, capaz de ser sustentável. O título de seu livro já define a tese central: *Desenvolvimento como liberdade* (2001). Ele se coloca no coração do capital *humano* ao definir o desenvolvimento como "o processo de expansão das liberdades substantivas das pessoas" (p. 336). Marcos Arruda, economista e educador, também apresentou um projeto de educação transformadora a partir da práxis (veja *Educação para uma economia do amor – Educação da práxis e economia solidária*, 2009) e como exercício democrático de todas as liberdades.

Não se trata apenas da superação sempre necessária da miséria e da pobreza, nem só atender à nutrição e à saúde, condições de base para qualquer desenvolvimento, mas trata-se de transformar o ser humano. Para Amarthya Sen e para Arruda, são fundamentais a educação e a democracia. A educação não para ser sequestrada como um item de mercado (profissionalização), mas como a forma de fazer desabrochar e desenvolver as potencialidades e capacidades do ser humano, cuja "vocação ontológica e histórica é ser mais [...] o que implica um superar-se, um ir além de si mesmo, um ativar os potenciais latentes em seu ser" (ARRUDA, M. *Educação para uma economia do amor*, 2009, p. 103).

Desenvolvimento, então, significa a ampliação das oportunidades de modelar a vida e definir-lhe um destino. O ser humano se descobre um ser utópico e um projeto infinito, habitado por um sem-número de potencialidades. Criar as condições para que elas possam vir à tona e sejam implementadas, eis o propósito do desenvolvimento humano. Trata-se de humanizar o humano, rasgar-lhe o horizonte de suas capacidades e habilidades e incentivá-lo na busca de sua realização. A serviço deste propósito estão as ciências, as tecnologias e nossos modos de produção. Seus produtos primeiramente devem se destinar à vida de todos, e em seguida ao mercado. A "Grande Transformação" denunciada por Karl Polanyi foi inverter esta ordem: o mercado absorve tudo, visando benefícios econômicos; a vida vem em segundo plano e ainda se não criar obstáculos à acumulação material. Precisamos de uma sociedade *com* mercado e não uma sociedade *de* mercado.

A forma política mais adequada para propiciar o desenvolvimento humano sustentável é, segundo Sen e Arruda, a democracia participativa. Todos são convidados a dar a sua colaboração e sentir-se incluídos para, juntos, construir o bem comum. Então se realiza o significado básico da democracia, que é a busca comum do bem comum.

Esse capital humano, quanto mais se usa mais cresce, ao contrário do capital material que, quanto mais se usa mais decresce.

3 A viabilidade ecológica de um desenvolvimento sustentável

O desenvolvimento sustentável resulta de um comportamento consciente e ético face aos bens e serviços limitados da Terra. De saída, impõe um sentido de justa medida e de autocontrole contra os impulsos produtivistas e consumistas, aos quais estamos acostumados em nossa cultura dominante. Caso contrário, afetamos o capital *natural*, que deve ser preservado, quando não, enriquecido. O economista Herman Daly nos aponta alguns princípios a serem observados para alcançar um desenvolvimento sustentável (veja "Alguns princípios operacionais para um desenvolvimento sustentável". *Ecological Economic*, n. 2, 1990):

• *Para fontes renováveis de matérias-primas e de energia* (água, solos, florestas, peixes etc.) a taxa de consumo não deve exceder a capacidade de regeneração de sua fonte. Por exemplo, não se deve capturar peixes acima da capacidade de o mar, os lagos e os rios poderem reproduzi-los em igual ou superior quantidade.

• *Para fontes não renováveis* (petróleo e gás, águas freáticas, fósseis e minérios) o desenvolvimento é sustentável quanto mais pudermos economizar tais recursos e simultaneamente se uma parte dos benefícios alcançados forem aplicados à produção de energias alternativas renováveis, de sorte que, quando se esgotarem, existam energias que mantenham o fluxo energético necessário para o desenvolvimento.

• *Para elementos tóxicos ou contaminantes*: a taxa de emissão sustentável não deve ser maior do que a capacidade de serem reciclados, absorvidos ou neutralizados; por exemplo, as águas usadas e lançadas ao rio não podem ser num ritmo maior do que os micro-organismos fluviais podem absorver e neutralizar seus componentes, preservando sempre o sistema aquático; ou os níveis de emissões de gases de efeito estufa de uma fábrica não podem ser maiores do que a atmosfera pode absorvê-los, diluí-los ou fixá-los.

Praticamente nosso modo de produção industrialista não observa estas indicações, e por isso estamos enfrentando grave crise ecológico-social. A já referida *Avaliação Ecossistêmica do Milênio* da ONU, 2005, já advertia que 60% dos serviços prestados pelo conjunto dos ecossistemas estão rapidamente se degradando. A sustentabilidade, como estamos enfatizando, supõe outro tipo de relação para com a Terra e a natureza. Continuando com o curso convencional, a insustentabilidade geral do Sistema Terra e do Sistema Vida poderá assumir formas dramáticas e altamente destrutivas.

4 Sustentabilidade e capital social-regional

O desenvolvimento sustentável se torna viável quanto mais ele surgir da interação da comunidade com o seu respectivo ecossistema local e regional. Uma coisa é produzir no bioma amazônico, onde prevalece a superabundância de meios de vida; outra coisa é produzir na caatinga, onde escasseiam tais meios como a água, e a natureza é pedregosa, dificultando a produção de alimentos. É possível produzir um desenvolvimento sustentável à base do conhecimento detalhado dos recursos e serviços do respectivo bioma e sua utilização ótima. Desta forma, o desenvolvimento é endógeno, surge a partir de dentro. Ele demanda uma tecnologia adequada àquele bioma, e não simplesmente a transferência de métodos tecnológicos criados em função de biomas diferentes, mas incompatíveis com as características do referido bioma regional. O resultado pode ser a insustentabilidade do desenvolvimento.

Neste contexto é importante valorizar o capital *social* da população-alvo. Ela acumulou conhecimentos experimentais, hábitos de utilização dos recursos, gerou coesão social e níveis de confiança e cooperação, essenciais para a inclusão de todos e a superação da pobreza. A cultura desempenha papel importante ao reforçar a maneira de viver juntos e potenciar a identidade do grupo mediante o cultivo das tradições e das festas locais. Um desenvolvimento de rosto humano é um componente importante da sustentabilidade.

5 Sustentabilidade e satisfação de necessidades fundamentais

Pouco importa o modo de produção que exista numa sociedade, mas há certo número de necessidades fundamentais que pertencem à condição humana e que devem ser satisfeitas.

O desenvolvimento se mostra sustentável se conseguir atender tais necessidades para todas as pessoas (princípio de inclusão), o que exige um sentido de equidade e de sensibilidade humanitária para com as demandas de seus semelhantes. Comumente, indicam-se nove necessidades básicas: *a subsistência, a proteção, o afeto (amar e ser amado), o entendimento (aceitar os outros como são e ser também aceito), a criatividade, a participação, o lazer, a identidade pessoal e cultural e a liberdade.*

Esta lista atende não apenas a carências que devem ser supridas, mas também aponta para capacidades que devem ser potenciadas para o necessário desabrochar da vida humana. Todas elas são importantes e se implicam mutuamente. Obviamente, a satisfação destas necessidades não é implementada apenas por bens materiais, mas por valores e práticas sociais que se inscrevem no campo do capital *humano, social e ético.*

Esta visão integradora das necessidades humanas nos obriga a mudar os conceitos de pobreza e de riqueza. A pobreza, como bem o mostrou Amarthya Sen, não está apenas associada à insuficiência de renda, de saúde e de educação, mas à privação de capacitações que roubam da pessoa oportunidades de se desenvolver e criar sua autonomia. A pessoa não quer apenas receber o pão, quer também conquistá-lo e fazê-lo. De forma semelhante, a riqueza não se define pela acumulação de bens materiais e pela conta no banco, mas pela capacidade de relacionar-se com os outros sem discriminações e no cultivo da solidariedade e do amor. Assim, há ricos que são pobres e pobres que são ricos.

Como comentava um membro de uma comunidade de base de Pernambuco acerca de um "rico" usineiro: ele é tão pobre, tão pobre que possui apenas dinheiro. Em outras palavras: a riqueza econômica apenas conta se estiver embasada em riqueza humana, de relações sociais marcadas pelo respeito, convivência pacífica, cooperação e valorização das dimensões do coração.

Este tipo de riqueza pode existir exemplarmente em pessoas economicamente pobres.

6 Indicadores de um desenvolvimento sustentável

O PIB (Produto Interno Bruto) tem sido tomado como referência de desenvolvimento de um país ou de uma região, mas a crítica generalizada está mais e mais recusando este indicador por tomar apenas em conta os bens materiais, portanto, o crescimento, e descurar outras dimensões que estão presentes no desenvolvimento integral do ser humano e da sociedade. Fizeram-se muitas propostas que não cabe aqui discutir. Basta-nos referir à condensação das várias propostas feita pela ecologista María Novo (*El desarrollo sostenible*, p. 223). O desenvolvimento sustentável é medido por três indicadores: *econômico*, *social* e o *ecológico*. Vejamos cada um deles.

Indicadores econômicos:

• consumo atual de energia por habitante;

• consumo de energia renovável;

• gastos de proteção do meio ambiente como porcentagem do PIB;

• ajuda pública ao desenvolvimento, como parte do PIB.

Indicadores sociais:

• taxa de mortalidade infantil;

• esperança de vida ao nascer;

• participação no gasto nacional da saúde no PIB;

• taxa de desemprego;

• número de mulheres empregadas para cada 100 homens;

• níveis de transparência da coisa pública e de ética social.

Indicadores ecológicos:

- controle de substâncias agressivas para a camada de ozônio;
- emissão de gases de efeito estufa;
- consumo de água por habitante;
- reutilização e reciclagem de resíduos;
- conservação ou resgate da cobertura vegetal;
- nível de cuidado consciente do capital natural e de responsabilidade socioambiental.

A sustentabilidade tem que se confrontar continuamente com o capital biológico. Em última instância, é o estado da vida sã e preservada que conta, pois sem ela nenhum propósito é exequível. Por isso impõem-se algumas iniciativas de diferente natureza, sem as quais a sustentabilidade não se firma. Por exemplo, importa:

- difundir nas escolas, nos meios de comunicação e no ambiente cultural as vantagens do novo paradigma, baseado no processo evolucionário que engloba a todos, também os seres humanos e as sociedades (nova cosmologia);

- tomar a sério os famosos três erres (r) da Carta da Terra, que é *reduzir, reutilizar e reciclar* os bens consumidos; poderíamos acrescentar ainda o *respeitar, redistribuir e reflorestar*;

- reduzir o mais que pudermos o consumo de recursos naturais;

- dar especial ênfase à escassez de água potável, garantindo que seja suficiente para os seres humanos e demais seres vivos e que não seja transformada em mercadoria;

- incentivar o uso de energias alternativas não poluentes;

- apoiar a agroecologia e a agricultura familiar orgânica;

- realizar uma severa gestão sustentável das florestas e reflorestar áreas degradadas;

• incentivar a *florestania*, conceito criado no Estado do Acre que visa integrar os povos da floresta com a floresta, mediante a economia extrativista e de preservação da mata em pé;

• cuidar dos biomas marinhos em crescente degradação;

• não deixar nenhuma área degradada, mas recuperá-la com a vegetação nativa;

• fortalecer a mudança de hábitos alimentares e a mudança no consumo das classes ricas e perdulárias;

• redesenhar as formas de transporte de pessoas e de mercadorias, evitando a poluição e o gasto de energia por causa das longas distâncias;

• incentivar uma alfabetização ecológica em todos os estratos sociais para que se consolide uma consciência de convivência e sinergia com a Terra viva e com a natureza;

• difundir os ideais sociais do *bem-viver* como uma proposta para a humanidade mundializada.

Estes poucos itens são fundamentais para a sustentabilidade da vida; esta sustentabilidade não deve ser entendida como produto final, mas como um processo que vai criando relações forjadoras de sustentabilidade. Isso nos obriga a equacionar os tempos da natureza (longos e com ritmo próprio) com os tempos da produção humana (rápidos, buscando eficácia imediata). Eis um desafio ingente, pois não estamos habituados a escutar o que a natureza nos diz, nem equilibrar nossos ritmos aos ciclos naturais. Por exemplo, uma árvore amazônica pode demorar 30 anos para ganhar sua majestática altura; a motosserra, no entanto, pode derrubá-la em menos de 5 minutos. Este descompasso nos tem afastado da natureza e levado a tratá-la sem sinergia e consideração.

7 Como passar do capital humano ao capital espiritual

Não só de pão nem de desenvolvimento social sustentável vive o ser humano. Não se satisfaz apenas com bens materiais e humanos. Ele é habitado por um desejo infinito de plenitude. De certa forma, sente-se excessivamente saciado de bens materiais e culturais, provenientes de todas as culturas que se encontram por inumeráveis meios de comunicação. Ele dispõe de muitas janelas. Todas mostram as mais diferentes e esplêndidas paisagens, mas em nenhuma delas cabe a totalidade buscada pelo espírito.

O espírito tem seu lugar no processo da evolução e ganha interioridade no ser humano. Como já o dissemos, é a percepção humana de um Todo do qual somos parte consciente e responsável. O espírito representa a dimensão mais alta e excelente do ser humano. Vive de bens intangíveis, próprios do ser humano, como o êxtase diante da *grandeur* do universo, a contemplação diante do surgimento da vida, a capacidade de confraternização com todos os seres, como o fazia São Francisco de Assis, sentindo-os e amando-os como irmãos e irmãs. Outra forma de o espírito mostrar-se é pela experiência estética da beleza da paisagem, pela comoção diante de gestos de doação aos outros, especialmente pobres e doentes. Sua mais alta manifestação se dá na experiência gratificante do encontro e do amor ou quando se abre ao diálogo humilde e reverente com aquela Energia que enche o universo e anima sua própria vida. Todos estes valores constituem o mundo espiritual, dado antropológico de base, presente em todos os seres humanos, homens e mulheres. Todas as religiões nasceram desta experiência fontal, mas elas não detêm o monopólio dela, que é um dado prévio, presente em todos.

Já nos primórdios do discurso econômico, Adam Smith (1723-1790), o pai da economia como ciência, em seu livro

Uma investigação sobre a natureza e a causa da riqueza das nações (1776) observava que as pessoas possuem necessidades que extrapolam aquelas básicas: são os sentimentos morais por cooperação, compaixão e solidariedade que vão mais longe do que os benefícios econômicos. A sustentabilidade não se "sustenta" a médio e a longo prazos sem levar em conta tais potencialidades espirituais humanas.

Referíamo-nos anteriormente às duas fomes do ser humano, de pão e de beleza. Podemos levar mais adiante a pergunta: *Ele ainda tem fome de quê?* Ele tem fome de sentido, de acolhida, de serenidade, de paz social, de amizade e de amar e ser amado. Resumidamente podemos dizer: ele tem fome de um *bem-viver pessoal e coletivo* em harmonia com o universo, com os outros, com a natureza e com o divino.

Um desenvolvimento será humanamente sustentável se em seu projeto incluir o capital espiritual. Ele é, à diferença do capital material, inesgotável, pois pode crescer mais e mais. Não há limites para a cooperação, a generosidade, a criatividade, a arte e o amor. Deste fundo espiritual nos vem conselhos, boas ideias, projetos novos e uma aceitação serena de nossa partida deste mundo, quando deixaremos para trás todos os bens do capital material e levaremos conosco somente os bens imperecíveis do capital humano e espiritual.

Esta é a destinação final de todo o desenvolvimento sustentável: criar as condições para que o ser humano possa se humanizar plenamente. E se humaniza tanto mais quanto tira de seu interior as riquezas lá escondidas: de criatividade, de inteligência, de solidariedade, de compaixão, de estética, de biofilia e de amor incondicional.

Na medida em que este propósito se implementa processualmente e em seu ritmo próprio, emerge uma sociedade sustentável, dentro de uma natureza sustentável e numa Terra também sustentável. Uma utopia? Talvez. Mas uma utopia necessária, sem a qual o caos se sobreporia à ordem e o absurdo ganharia a partida sobre o sentido. Buscamos a sustentabilidade de nosso desenvolvimento integral para viver com alegria nossa curta passagem por esse belo e pequeno planeta, nossa única Casa Comum.

11

"Cultivando Água Boa": exemplo de sustentabilidade

Em geral os projetos elaborados dentro do paradigma da modernidade tecnológica que se caracteriza pela dominação do ser humano sobre a natureza e da exploração de seus bens e serviços de forma descuidada, dficilmente preenchem os requisitos da sustentabilidade, pelos quais se garante a preservação da natureza, sua reprodução e o respeito ao valor intrínseco de cada ser. O próprio sistema vigente, como um todo, é, em sua lógica e dinâmica, altamente insustentável, por mais correções que se tenham ensaiado. É que o ser humano inverteu a relação que lhe garantiria a sustentabilidade: ao invés de adaptar-se à natureza e aos seus ritmos, obriga a natureza a adaptar-se aos seus desejos e propósitos, de maximação dos ganhos, à revelia dos custos ambientais e sociais.

Entretanto e por surpresa, encontramos um projeto que foge desta lógica e inaugura com grande sucesso uma sustentabilidade realmente digna deste nome. É o *Projeto Cultivando Água Boa* no interior da maior hidrelétrica do mundo, a Itaipu Binacional (entre o Brasil e Paraguai) na região de Foz do Iguaçu, no Estado do Paraná onde se encontram também as famosas e fantásticas Cataratas do Iguaçu, bem como o Parque Nacional que alberga o maior remanescente de floresta Atlântlica da Região Sul do Brasil.

Num acordo entre Brasil e Paraguai, construiu-se a megahidrelétrica com um reservatório de água de 176 quilômetros de comprimento, onde estão estocados 19 bilhões de metros cúbicos de água, utilizados por 20 turbinas que geraram neste ano de 2016 de 1º de janeiro a 30 de julho cerca de 51.637.236 megawats-hora, um recorde mundial. É circundada por 29 municípios, onde vivem mais de um milhão de pessoas com 800 mil hectares de área. A área de atuação do programa é a Bacia Hidrográfica do Rio Paraná – Parte 3 (região que corresponde à Bacia do Rio Paraná conectada com o reservatório da hidrelétrica).

Nesse território, estão presentes cerca de 35 mil propriedades rurais que, em sua grande maioria são de caráter familiar, possuem menos de 50 hectares e trabalham integradas a sistemas de cooperativas. Nele predominam as lavouras de milho e soja, integradas à pecuária de leite, suinocultura e avicultura e algumas indústrias. Trata-se de atividades de alto impacto ambiental, principalmente pela produção de dejetos e uso intensivo de agrotóxicos, o que representa um grande desafio ao Projeto Cultivando Água Boa, em grande parte resolvido com formas novas e sustentáveis.

1 O que é e o que pretende o Projeto Cultivando Água Boa

O Projeto Cultivando Água Boa teve início no ano de 2003. Qual foi o *insight* de seus diretores Jorge Samek e Nelton Friedrich juntamente com a equipe que os acompanha e os parceiros dos 29 municípios da barragem logo nos inícios de sua administração? Explicitamente afirmaram a convicção de que a água não se destina apenas para produzir energia elétrica, mas também para gerar energia humana e todo tipo de energia necessária aos seres que dependem vitalmente da água, além dos humanos, toda a comunidade de vida.

Explicitamente afirmaram: "A Hidrelétrica Itaipu adotou para si o papel de indutora de um verdadeiro movimento cultural *rumo à sustentabilidade*, articulando, compartilhando, somando esforços com os diversos atores da Bacia Paraná 3 em torno de uma série de programas e projetos interconectados de forma sistêmica e holística e que compõem o Cultivando Água Boa".

Seu diretor Jorge Samek asseverou: "Vivemos um tempo de grandes avanços tecnológicos no qual praticamente tudo tem *backup* e pode ser substituído. Mas no caso da Terra, não. Não possuimos um plano B. A rede que se criou ao redor do cuidado da água, reúne pessoas preocupadas em transformar a realidade para melhor e, acima de tudo, empenhadas em dar sustentabilidade efetiva à nossa Casa Comum" (na revista *Ecológico* de julho/agosto de 2016, p. 83).

Mostrando clara consciência da relevância do Projeto Cultivando Água Boa afirmou um dos operadores de todo o Projeto, Jair Kotz:

> Não alcançaremos a sustentabilidade territorial se as pessoas não se derem conta de que nossas ações e escolhas diárias impactam o planeta como um todo. Se por um lado contribuímos para a problemática global, por meio das mudanças climáticas e dos impactos sobre os recursos hídricos, por outro, temos nas mãos a chance de ser protagonistas na construção de um futuro mais seguro e digno para todos (em *Ecológico*, op. cit., p. 84).

Todo o projeto se inspira em documentos mundialmente conhecidos como a Carta da Terra, o Tratado de Educação Ambiental para Sociedades Sustentáveis, a Agenda 21, os Objetivos do Milênio, a Ética do Cuidado e ultimamente pela encíclica do Papa Francisco *Laudato Si'*: como cuidar da Casa Comum.

Os dois lemas da iniciativa resumem bem a qualidade da mudança desejada e ainda em curso: *Um novo modo de ser para a sustentabilidade*; e *Somos as mudanças que queremos no planeta.*

Operaram, uma verdadeira revolução cultural o que é extremamente difícil, mas necessária e prévia, sem a qual a sustentabilidade não se estabelece: introduziram um complexo de princípios, valores, hábitos, estilos de educação, formas de relacionamento com a sociedade e com a natureza, modos de produção e de consumo que justificam os lemas referidos.

2 Sensibilização das comunidades e a opção pelo biorregionalismo

Começou-se corretamente com a sensibilização das comunidades, quer dizer, moveram as cordas mais profundas da razão sensível e cordial, aquela que lança o ser humano para a ação. Iniciaram, portanto, com o alargamento das consciências, convocando nomes notáveis do pensamento ecológico, como F. Capra, Enrique Leff (Pnuma latino-americano), Marcos Sorrentino, os irmãos cientistas Antônio, Carlos e Paulo Nobre, Moema Vieser, o autor destas linhas, os líderes indígenas Terena e Kaka Werá, entre outros.

Outro ponto metodológico cabe ser realçado: começar com o pequeno. Quando este é bem-feito, dar passos mais largos até alcançar um nível seguro de sustentabilidade. Com acerto diz o coordenador do Cultivando Água Boa, cujo entusiasmo contamina todos os ouvintes em qualquer auditório em que se apresenta, no Brasil e no estrangeiro:

> Quanto mais microscópica e local for uma iniciativa multiplicadora, melhor ela se torna. Afinal, o maior desafio em relação aos Objetivos do Milênio e da Agenda 2030 é aterrissar no cotidiano das pessoas, incentivando e apoiando a sua ação transformadora local (revista *Ecológico*, julho/agosto 2016 p. 84).

Na metodologia que se assumiu, não se faz nenhuma referência a dinheiro. Primeiramente as pessoas são levadas ao convencimento da necessidade de mudanças necessárias na forma de como tratam os solos, os rios, os dejetos e o modo de produção e qual o papel reservado a elas na execução dos trabalhos. Em segundo lugar, está o fato de que Itaipu não financia nenhum projeto sozinha. Para cada real investido, pelo menos outros dois são somados. "Esse é um aspecto importante da governança do programa, o do compartilhamento de responsabilidades", não se cansa de afirmar o diretor de Coordenação da Itaipu, Nelton Friedrich, responsável pela coordenação geral do programa. Com apenas um punhado de funcionários e funcionárias, capacitados e tomados de entusiasmo pelo Cultivando Água Boa levam avante este arrojado projeto.

Os gestores assumiram o biorregionalismo, talvez o ponto mais avançado atualmene da discussão ecológica, vale dizer, valorizar o território com tudo o que ele contém de bens naturais, históricos e humanos. Definiram o espaço não pelos limites arbitrários dos municípios, mas pelos naturais das hidrobacias. Neste espaço delimitado é mais fácil realizar a sustentabilidade, como integração produtiva e conservacionista de todos os elementos que constituem uma sustentabilidade real e consolidada.

Envolveram todas as comunidades e todos os municípios lindeiros, criando comitês gestores de cada bacia, legalizados pelas prefeituras, garantindo sua continuidade. Sabiamente se deram conta de que a educação ambiental representa o motor da mudança de ser, de sentir, de produzir e de consumir. Vejamos alguns números que falam por si:

- 15.400 educadores ambientais na região com uma educação ambiental formal, não formal e educomunicação;

• 339 Oficinas do Futuro, na esteira da pedagogia de Paulo Freire com ampla participação comunitária. Trata-se de olhar para o futuro, identificar as pontencialidades, os entraves e as soluções viáveis;

• Muro das Lamentações, expediente pelo qual cada um pode colocar numa parede em bilhetes ou folhas os problemas a serem resolvidos ou que não foram executados de forma adequada;

• Árvore da Esperança onde se alinham os encaminhamentos a serem executados pelas comunidades e que podem representar avanços esperançadores a serem alcançados;

• Caminho Adiante pelo qual se fazem projeções de novas frentes a serem acolhidas e encaminhadas;

• Plano de Trabalho no qual se delineiam os passos concretos a serem percorridos em cada microbacia;

• Celebração do Pacto das Águas, verdadeira teatralização dos problemas, das vitórias alcançadas mediante representações e músicas culminando com o compromisso das comunidades de executar o que coletivamente hajam decidido. Isso é representado por um pacto, assumido por todos, de cuidar das águas e melhorar sua qualidade, o assim chamado Pacto das Águas;

• 1.200 merendeiras e nutricionistas, capacitadas em alimentação saudável e orgânica e um sem-número de participantes dos Concursos de Pratos Saudáveis das Cozinheiras das escolas municipais;

• 135 mil cartilhas Mundo Orgânico, distribuídas e trabalhadas nas escolas;

• 69 instituições parceiras nos 29 Coletivos Educadores estabelecidos nos municípios.

Todo este processo educativo está gestanto, especialmente, entre os jovens um novo tipo de consciência ecológica que resulta num encantamento face à natureza, num esforço de preservar o existente e resgatar o degradado. O resultado é o surgimento de uma verdadeira cidadania ecológica.

3 O monitoramento baseado na participação e no voluntariado

De capital importância é o monitoramento participativo associado ao voluntariado, pois são fatores mais decisivos para alcançar e garantir para o futuro a sustentabilidade, assim como deve ser.

O Monitoramento Participativo da Qualidade da Água é um projeto que capacita voluntários das comunidades a fazerem medições da qualidade nos corpos d'água em suas microbacias. A iniciativa permite monitorar a evolução do programa e auxilia na tomada de decisão para a melhoria das condições da microbacia. Resultados obtidos:

- 50 microbacias hidrográficas monitoradas;
- 657 voluntários capacitados para o monitoramento;
- 720 gestores de microbacias formados no Multicurso Água Boa;
- 44 estações de monitoramento da qualidade da água implantadas;
- 6 cursos de monitoramento biológico de rios realizados.

Esse monitoramento criou uma nova cultura na gestão das bacias hidrogáficas em parceria com prefeituras e comunidades. Aí são definidas as ações que solucionam passivos ambientais que impactam coletivamente, como estradas rurais, matas ciliares e abastecimento de água. Os principais resultados, desde a exitência do Projeto são significativos:

- Recuperação de centenas e centenas de nascentes;
- 2.860 mil km de estradas rurais readequadas;
- 1.400km de matas ciliares com cerca para proteção de rios das microbacias;
- 4,5 milhões de mudas de árvores nativas para recompor matas ciliares;
- 190 abastecedouros comunitários;
- 32 mil hectares de terraceamento e conservação de solos;
- Implantação do Plantio Direto de Qualidade.

4 A importância da medicina natural fitoterápica

Um capítulo à parte merece o trabalho com plantas medicinais. Consideremos alguns pontos de avanço nesta área.

Este projeto das plantas medicinais resgata o conhecimento sobre fitoterápicos típicos da região e promove o seu cultivo como fonte de renda para produtores rurais. Na forma de folhas secas, prontas para infusões, os fitoterápicos são distribuídos em postos de saúde do SUS. Resultados:

Foram preparados 8.250 agentes de saúde, produtores, enfermeiras, médicos, farmacêuticos capacitados para ministrar fitoterápicos e ações preventivas.

Foram distribuídas 290 mil mudas de plantas medicinais.

Numa localidade chamada de Pato Bragado criou-se uma unidade de extrato seco implantada com capacidade para processar 93 toneladas/ano.

Foram criados 34 postos de saúde do SUS distribuindo regularmente fitoterápicos.

Foram produzidas 9 toneladas de plantas desidratadas no Horto de Plantas Medicinais da Itaipu.

O resultado feliz de todo este percurso é a valorização da riqueza da natureza, o respeito a sua biocapacidade. Essa medicina natural visa a contribuir para a melhoria da saúde da população além de renda e condições de vida de agricultores familiares na região da Bacia Paraná 3.

5 Uma produção orgânica sustentável e a aquicultura

O resultado mais direto do processo educativo consiste na produção orgânica sustentável e respeitadora da vida. A agricultura orgânica e cooperativa é altamente incentivada. Boa parte das ações se dão por meio da assistência técnica gratuita, buscando a diversificação e a sustentabilidade dos produtos efetivados. Excluídos são os agrotóxicos e fertilizantes químicos. Os dados são reveladores:

• 1.200 agricultores que adotaram (alguns em fase de conversão) a agricultura orgânica e mais de 1.000 assistidos;

• 59 instituições envolvidas na rede de assistência técnica e extensão rural;

• 10 agroindústrias orgânicas implantadas, 131 micros e pequenos arranjos produtivos e 1 laboratório de manejo biológico de pragas;

• Mais de 50 mil participantes nas 22 feiras Vida Orgânica já realizadas;

• 72 eventos de formação e capacitação de agricultores.

Como o grande lago de Itaipu é rico nas mais variegadas espécies de peixes, organizou-se também, na perspectiva da sustentabildade, o *Projeto Mais Peixe em Nossas Águas* com o propósito de difundir a aquicultura, cultivo de peixe em tanques-rede como fonte de renda para pescadores artesanais. O efeito é altamente significativo:

- 1.717 pescadores assistidos na região;
- 3 parques aquícolas licenciados e implantados;
- 63 pontos de pesca autorizados pelo Ibama;
- 811 tanques-redes implantados no reservatório;
- 1 Banco de Germoplasma implantado;

O sentido ecológico integral do Cultivando Água Boa fez com que surgisse a preocupação também com a reprodução dos peixes de piracema. Como se ultrapassar o desnível de 120 metros da barragem? A solução foi construir um canal de 10km mediante o qual, os peixes, de etapa em etapa, em forma de escada, ascendem até chegar às águas livres do grande lago.

6 A aplicação de uma ecologia integral e sua irradiação no mundo

A sustentabilidade buscada pelo Projeto Cultivando Água Boa, desde o início, se regeu por uma perspectiva integral, agora consagrada de forma excepcional pela encíclica do Papa Francisco sobre "Como Cuidar da Casa Comum". No projeto estão presentes as dimensões ambientais, sociais, educacionais, cotidianas e as humano-espirituais.

Nesta perspectiva, não poderiam ficar excluídas as populações indígenas, respeitando e reforçando o "jeito guarani de ser", ajudano-os a resgatar a memória dos anciãos e criando condições de melhoria para o seu artesanato. Algo semelhante foi feito com as poucas comunidades quilombolas.

Para ser realmente integral fazia-se mister a criação de um refúgio biológico de espécies regionais e de corredores de biodiversidade unindo várias reservas florestais.

Cuidou-se também da inovação tecnológica com a produção de um carro elétrico, aplicado a carros de recoleção de material reciclável, a pesquisa sobre energias alternativas, especialmente referentes ao hidrogênio. Criou-se, outrossim, um Centro de Saberes e Cuidados Ambientais e da Universidade da Integração Latino-Americana (Unila). Aqui se transmitem e se geram novos saberes adequados àquele ecossistema e aberta a todos os países sul-americanos.

Os bons resultados alcançados em todos os anos do Cultivando Água Boa tem repercutido nacional e internacionalmente, o que se traduz em diversas parcerias para a replicação da metodologia do programa em outras bacias hidrográficas. Com os governos do Paraguai e da Argentina, o Cultivando Água Boa tem colaborado para a recuperação de microbacias na margem paraguaia da Itaipu e também na binacional Yacyretá, localizada no Rio Paraná, 400 quilômetros a jusante de Itaipu.

Em 2013, o Cultivando Água Boa se tornou um instrumento de cooperação do governo brasileiro com países latino-americanos e com a Espanha. Hoje, projetos-piloto estão sendo implantados na Guatemala, República Dominicana, México, Argentina, Uruguai e Paraguai e nos estados brasileiros de Minas Gerais, Brasília (DF), Mato Grosso e Goiás.

Medidas adotadas pela Itaipu, como o Canal da Piracema (que viabiliza a migração de peixes) estão se tornando referência para novos projetos hidrelétricos. Outras empresas do grupo Eletrobras realizam constantemente visitas técnicas ao programa socioambiental da Itaipu para replicar suas práticas na área de influência de outras usinas. E, por fim, o banco BNDES tem estudado a iniciativa como referência para a mitigação e compensação de impactos socioambientais em grandes obras de infraestrutura.

As boas práticas do Cultivando Água Boa são referendadas pelos prêmios internacionais da Carta da Terra, a boa prática latino-americana de meio ambiente Cefal-OEA-ONU e o Prêmio de Melhor Gestão da Água com Participação Social, outorgado pela ONU-Água/Década da Água, em 2015. Foi premiado também pela *Water for Life*, que estimulou a criação da Rede Global de Boas Práticas na Gestão da Água com participação social.

A sustentabilidade, o cuidado, a participação e a cooperação da sociedade civil são as pilastras que sustentam este projeto. A *sustentabilidade* obedece a uma racionalidade responsável pelo uso solidário dos bens e serviços naturais escassos. O *cuidado* funda uma ética de relação respeitosa entre as pessoas de diferentes proveniências e *status* social, cuidado para com a natureza, curando feridas passadas e evitando futuras, e também a *participação* da sociedade que cria o sujeito coletivo que implementa todas as iniciativas. Tais valores são sempre revisados e compactados.

7 A projeção de um sonho de uma nova Terra sustentável

O resultado final é a emergência de um tipo novo de sociedade, integrada com o ambiente, com uma cultura da valorização de toda a vida, com uma produção limpa e dentro dos limites biorregionais e do ecossistema e com profunda solidariedade entre todos. Uma aura espiritual benfazeja perpassa os encontros que anualmente se fazem com a acorrência de 3-4 mil pessoas, como se, admiravelmente, todos se sentissem um só coração e uma só alma. Essa constatação não é fantasiosa, mas real, testemunhada por tantos do Brasil e do estrangeiro que têm participado desses megaencontros.

A impressão que nos restou do estudo sério sobre este tema da sustentabilidade, que ela, a sustentabilidade, foi sequestrada pelo projeto do capital material, esvaziando-a para impedir que se transformasse num paradigma crítico e alternativo, ao modo de produção vigente, que se revela intrinsecamente insustentável, como o Papa Francisco em sua encíclica sobre Como Cuidar da Casa Comum foi explícito em afirmar. Seguramente o legado da crise afeta o paradigma da modernidade, baseada no capital material, dos bens e serviços naturais, limitados e escassos, será a redescoberta do capital humano-espiritual. Este se funda em valores ilimitados, como o são o amor, a solidariedade, a compaixão, o cuidado para com as pessoas, com a natureza e para com a Terra. Aqui entrevemos que essa travessia está dando os seus primeiros passos.

Libertada de seu cativeiro, a sustentabilidade adquiriu no Projeto "Cultivando Água Boa" valor central de um novo arranjo no conjunto das relações, estabelecendo uma equação equilibrada entre ser humano/natureza/sociedade/desenvolvimento integral/solidariedade generacional.

Com o Cultivando Água Boa se conseguiu consolidar esta equação feliz. Quem acompanha aquele projeto, como tive o privilégio de o fazer desde o seu início, sai com esta certeza: a humanidade é resgatável, há tempo suficiente e ela tem jeito. Não é impossível, como dizia Fernando Pessoa, criar um mundo que ainda não foi ensaiado.

Disse acertadamente Nelton Friedrich, coordenador de todo o projeto:" O Programa Cultivando Água Boa se transformou num movimento com milhares de participantes, com governança inovadora e democracia de "alta intensidade". E atua na busca de "um novo jeito de ser/sentir, viver, produzir e consumir".

Num recanto remoto do Planeta Terra, em Foz do Iguaçu onde se encontra a mega-hidrelétrica Itaipu Binacional, junto às esplêndidas Cataratas do Iguaçu, revela-se a capacidade humana de criar uma biocivilização e uma Terra da Boa Esperança (Ignacy Sachs, Ladislau Dowbor) a partir da água, bem natural, insubstituível e fonte de toda vida.

12

Sustentabilidade e educação

A sustentabilidade não acontece mecanicamente. Ela é fruto de um processo de educação pelo qual o ser humano redefine o feixe de relações que entretém com o universo, com a Terra, com a natureza, com a sociedade e consigo mesmo dentro dos critérios assinalados de equilíbrio ecológico, de respeito e amor à Terra e à comunidade de vida, de solidariedade para com as gerações futuras e da construção de uma democracia socioecológica.

Estou convencido de que somente um processo generalizado de educação pode criar novas mentes e novos corações, como pedia a Carta da Terra, capazes de fazer revolução paradigmática exigida pelo mundo de risco sob o qual vivemos. Como repetia com frequência Paulo Freire: "A educação não muda o mundo, mas muda as pessoas que vão mudar o mundo". Agora todas as pessoas são urgidas a mudar, pois não temos outra alternativa: ou mudamos ou conheceremos a escuridão. A razão da necessidade da mudança nos foi dada pela voz de 1.600 cientistas, entre os quais 102 agraciados pelo Prêmio Nobel, vindos de 70 países, reunidos na Cúpula da Terra, no Rio de Janeiro, em 1992: "Os seres humanos e o mundo natural seguem uma trajetória de colisão. As atividades humanas desprezam violentamente e, às vezes, de forma irreversível o meio ambiente e os recursos vitais. Urge mudanças fundamentais se quisermos evitar a colisão que o atual rumo nos conduz" (*Apelo dos cientistas do mundo à humanidade*, 1992).

1 Uma educação ecocentrada

Não cabe abordar a educação em seus múltiplos aspectos, mas a ecoeducação não pode dispensar a missão de toda educação (veja ARRUDA, M. & BOFF, L. *Globalização: desafios socioeconômicos, éticos e educativos*, 2000): em primeiro lugar, permitir aos educandos se apropriarem de todos os conhecimentos e experiências acumulados pela humanidade, úteis para atenderem suas necessidades e desenvolver suas potencialidades; em segundo lugar, apropriar-se de critérios que lhe permitam fazer a crítica e a avaliação dos conhecimentos e experiências do passado, para ver seu caráter situado e histórico, relativizá-lo e preservar o que realmente conta e vale para a vida; em terceiro lugar, enriquecer este legado com seus próprios conhecimentos e experiências, o que exige criatividade e fantasia inventiva, de tal forma que esse acúmulo sirva para conhecer melhor a si mesmo, a realidade circundante e elaborar uma visão de conjunto que situe seu projeto de vida dentro do processo socioecológico mais amplo; em quarto lugar, na linha do que sugeriu a Unesco: mediante a educação deve-se *aprender a conhecer, aprender a fazer, aprender a ser, aprender a viver juntos* e, eu acrescentaria, *aprender a cuidar* da Mãe Terra, de todas as formas de vida e de todos os seres (*Relatório Jacques Delors sobre a educação no século XXI*, 1996).

A educação compreendida desta forma reforça o processo emancipatório humano. As pessoas passam de espectadoras passivas a sujeitos ativos da história (veja NARANJO, C. *Mudar a educação para mudar o mundo,* 2005).

Mas estas funções perenes da educação são atualmente insuficientes. A situação mudada do mundo exige que tudo seja ecologizado, quer dizer, cada saber e cada instituição devem oferecer a sua colaboração para proteger a Terra e salvar a vida humana e o nosso projeto planetário. É neste contexto que se fala hoje da *Ecologia dos saberes* (veja MORAES, M.C. *Ecologia dos saberes*, 2008) ou da *Nova aliança* (1998), termo usado pelo Nobel de Química Ilya Prigogine. Ambos os termos – *Ecologia dos saberes* e *Nova aliança* – querem expressar a valorização de todos os saberes, articulados entre si, dos mais populares aos mais científicos, pois todos, uma vez ecologizados, representam janelas que nos fazem descobrir dimensões diferentes da realidade. Portanto, o momento ecológico deve atravessar todos os saberes e experiências (veja LA TORRE, S. et al. *Transdisciplinaridade e ecoformação*, 2008).

A 20 de dezembro de 2002 a ONU aprovou uma resolução proclamando os anos de 2005-2014 como a *Década da educação para o desenvolvimento sustentável*. A Unesco, que detalhou a resolução, afirmou acertadamente que se trata de uma proposta transversal que deve atingir todas as disciplinas para que cada uma delas concorra para a construção de um futuro sustentável (*Documento 171 EX/7*, 12/04/2005; ver na página web da Unesco). Neste documento se definem 15 perspectivas estratégicas em vista de uma educação para sustentabilidade, que convém referir.

Perspectivas socioculturais:
- direitos humanos;
- paz e segurança humana;
- igualdade entre os sexos;
- diversidade cultural e compreensão intercultural;
- saúde;
- Aids;
- governança global.

Perspectivas ambientais:
- recursos naturais (água, energia, agricultura e biodiversidade);
- mudanças climáticas;

- desenvolvimento rural;
- urbanização sustentável;
- prevenção e mitigação de catástrofes.

Perspectivas econômicas:
- redução da pobreza e da miséria;
- responsabilidade e prestação de contas das empresas;
- economia de mercado.

Como se depreende, trata-se de uma vasta agenda que não deve ser tratada como uma disciplina à parte, mas sempre deve estar presente em todas as disciplinas; caso contrário, não se alcança uma consciência de sustentabilidade generalizada.

Além disso, cabe enfatizar que, como tudo está ligado a tudo dentro do grande processo cosmogênico, também a educação deve ser entendida como momento do processo cósmico, da vida e da consciência. Nunca devemos perder este horizonte sistêmico que subjaz em todas as nossas reflexões.

Depois que irrompeu o paradigma ecológico, conscientizamo-nos do fato de que todos somos ecodependentes. Participamos de uma comunidade de interesses com os demais seres vivos que conosco compartem a biosfera. O interesse comum básico é manter as condições para a continuidade da vida e da própria Terra, tida como superorganismo vivo, Gaia. É o sentido básico da sustentabilidade.

A partir de agora a educação deve impreterivelmente incluir as quatro grandes tendências da ecologia: a ambiental, a social, a mental e a integral ou profunda (aquela que discute nosso lugar na natureza e nossa inserção na complexa teia das energias cósmicas: veja meu vídeo *As quatro ecologias*, 2010). Mais e mais se impõe entre os educadores ambientais esta perspectiva: educar para o *bem-viver*, que é a arte de viver em harmonia com a natureza, e propor-se repartir equitativamente com os demais seres humanos os recursos da cultura e do desenvolvimento sustentável.

Precisamos estar conscientes de que não se trata apenas de introduzir corretivos ao sistema que criou a atual crise ecológica, mas de educar para sua transformação. Isto implica superar a visão reducionista e mecanicista ainda imperante e assumir a cultura da complexidade. Ela nos permite ver as inter-relações de todos com todos e as ecodependências do ser humano. Tal verificação exige tratar as questões ambientais de forma global e integrada, como sugere a Unesco (veja NOVO, M. *El desarrollo sostenible*, 2006, p. 393-407).

Deste tipo de educação deriva a dimensão ética de responsabilidade e de cuidado pelo futuro comum da Terra e da humanidade. Faz descobrir o ser humano como o cuidador de nossa Casa Comum e o guardião de todos os seres. Queremos que a *democracia sem fim*, proposta pelo sociólogo português Boaventura de Souza Santos, assuma as características *socioecológicas*, pois só assim será adequada à Era Ecozoica e responderá às demandas do novo paradigma. Ser humano, Terra e natureza se pertencem mutuamente; por isso é possível forjar um caminho de convivência não destrutiva.

2 Princípios norteadores de uma ecoeducação sustentável

Uma orientação ecológica da educação visando a sustentabilidade demanda transformar nossos métodos de ensino. Os estudantes já não podem aprender apenas dentro das salas de aula ou fechados em suas bibliotecas, em seus laboratórios ou diante dos programas de busca da internet. Devem ser levados a experimentar na pele a natureza, conhecer a biodiversidade, saber da história daquelas paisagens, daquelas montanhas e daqueles rios. Valorizar as personalidades que marcaram aquela região, seus poetas, artistas, escritores, arquitetos, sábios e pessoas veneráveis por suas virtudes e santidade. É um mergulho no mundo real encontrar a Mãe Terra com suas manifestações, às vezes ameaçadoras como as ondas encapeladas do mar, outras vezes suaves como uma paisagem de montanha com os manacás e os ipês floridos, a complexidade da cidade com suas diferentes lógicas: do transporte, dos edifícios públicos, das lojas e supermercados, dos cinemas, dos teatros e dos locais de lazer. Tudo isso pertence ao universo da ecologia integral e deve concorrer para que todas estas instâncias se mantenham, reformem-se, evoluam e se insiram no todo da realidade bio-sócio-ecológica, vale dizer, mostrem-se sustentáveis (veja GADOTTI, M. *Pedagogia da Terra*, 2001).

Mesmo nos repetindo, recolhemos alguns pontos que apareceram ao longo de nossas análises e que constituem princípios norteadores de uma educação que se quer sustentável.

O primeiro é reconhecer que a Terra é Mãe (*Magna Mater*, *Pachamama*), como foi reconhecido oficialmente pela ONU a 22 de abril de 2009, um superorganismo vivo, chamado Gaia, que se parece a uma nave espacial com recursos escassos.

O segundo é resgatar o princípio da re-ligação: todos os seres, especialmente os vivos, são interdependentes e expressão da vitalidade do Todo, que é o Sistema Terra. Por isso, todos temos um destino compartilhado e comum.

O terceiro é entender que a sustentabilidade global só será garantida mediante o respeito aos ciclos naturais, consumindo com racionalidade os recursos não renováveis e dando tempo à natureza para regenerar os renováveis e nunca perder de vista a solidariedade intra e intergeneracional.

O quarto é valorizar e preservar a biodiversidade, pois é ela que garante a vida como um todo, pois propicia a cooperação de todos com todos em vista da sobrevivência comum.

O quinto é o valor das diferenças culturais, pois todas elas mostram a versatilidade da essência humana e nos enriquecem mutuamente, pois tudo no humano é complementar.

O sexto é exigir que a ciência se faça com consciência e seja submetida a critérios éticos para que suas conquistas beneficiem mais a vida e a humanidade do que o lucro e os mercados.

O sétimo é superar o pensamento único da tecnociência, como se fosse o exclusivo acesso válido à realidade, mas valorizar os saberes cotidianos, populares, das culturas originárias e do mundo agrário porque ajudam na busca de soluções globais e reforçam a sustentabilidade geral.

O oitavo é valorizar as virtualidades contidas no pequeno e no que vem de baixo, pois nelas podem estar contidas soluções válidas para todos, com valor universal.

O nono é dar centralidade à equidade e ao bem comum, pois as conquistas humanas devem beneficiar a todos e, não como atualmente, apenas a uma pequena porção da humanidade.

O décimo, quiçá a condição para todos os demais, é resgatar os direitos do coração, os afetos e a razão sensível e cordial que foram relegados pelo modelo racionalista da Modernidade. Aí se encontra o fundamento dos valores, dos sonhos, das utopias, do respeito, da colaboração, do amor e do entusiasmo, necessários para as transformações.

Concluindo: os filhos e filhas desta ecoeducação que colaborou na criação de um "modo sustentável de viver" (Carta da Terra) e segundo o Papa Francisco, "numa aliança entre a humanidade e o meio ambiente" (todos os números de 209-215) seguramente serão muito diferentes dos atuais. Sentir-se-ão profundamente unidos à Mãe Terra, irmanados com todos os seres vivos, nossos parentes, preocupados com o cuidado por tudo o que existe e vive e com uma consciência nova, a consciência planetária que nos faz perceber que vida, humanidade,

Terra e universo formamos uma única, grande e complexa realidade. Numa inspiradora página resume o Papa Francisco o percurso de uma educação ecológica:

> A educação ambiental tem vindo a ampliar seus objetivos. Se, no começo, estava muito centrada na informação científica e na conscientização e na prevenção dos riscos ambientais, agora tende a incluir uma crítica aos "mitos" da Modernidade baseados na razão instrumental (individualismo, progresso ilimitado, concorrência, consumismo, mercado sem regras) tende também a recuperar os distintos níveis de equilíbrio ecológico: o interior consigo mesmo, o solidário com os outros, o natural com todos os seres vivos, o espiritual com Deus. A educação ambiental deveria predispor-nos para dar esse salto para o Mistério, do qual uma ética ecológica recebe o seu sentido mais profundo. Além disso, há educadores capazes de reordenar os itinerários pedagógicos de uma ética ecológica, de modo que ajudem efetivamente a crescer na solidariedade, na responsabilidade e no cuidado fundado na compaixão (n. 210).

Será uma travessia onerosa, um processo com idas e vindas até firmar-se como o caminho mais sensato que nos poderá salvar como espécie e preservar a integridade e vitalidade da Mãe Terra. Teremos mudado tanto que nos parecerá evidente a advertência de Dostoievski: "Todo o progresso não é nada quando comparado com o choro de uma criança" (apud GADOTTI, M. *Pedagogia da Terra*, p. 123). Seremos seres de solidariedade, de cooperação e de compaixão: o triunfo de uma nova era na qual não pretendemos mais ser "o pequeno deus" na Terra, mas simplesmente humanos, que veem e tratam os outros semelhantes, os membros da comunidade de vida, as plantas, as aves, os animais, a Lua, o Sol e as estrelas singelamente como irmãos e irmãs.

13

Sustentabilidade e indivíduo

A rigor o indivíduo não existe. O que existe é a pessoa humana, nó de relações orientadas para todas as direções. Ninguém vive fora da rede de relações que sustenta o universo no qual cada um está imerso. Por isso, o correto seria dizer o indivíduo relacional, mas manteremos a palavra indivíduo, em seu sentido mais filosófico que social, pela seguinte razão: existe uma dimensão na pessoa que é sua singularidade irredutível, que faz com que ela seja única e irrepetível no universo e na história, no passado, no presente e no futuro. Igual a ela nunca houve, não há nem haverá. Temos a ver com uma emergência singularíssima do próprio universo.

O que representa a sustentabilidade para o indivíduo assim compreendido? O que significa possuir uma existência sustentável? Tudo depende da antropologia, vale dizer, do tipo de compreensão que assumimos do ser humano individual. Cada cultura representa a seu modo o ser humano individual. Correspondentemente lhe atribui certo nível de sustentabilidade.

No entanto, cada representação é uma representação, isto é, uma projeção que uma determinada cultura elabora acerca do indivíduo singular, a partir das experiências, visões de mundo, tradições, experiências e conhecimentos disponíveis. O que é ele? Não o sabemos totalmente. Ele se perde para dentro de um mistério insondável que, ao longo da história, vai entregando facetas sempre novas e surpreendentes dele mesmo. Por isso, impõe-se distinguir sempre a imagem (algo construído e subjetivo) que fazemos de alguém e a realidade que ele efetivamente é (o que subsiste por si mesmo, independentemente de nossa imagem).

Vou assumir três perspectivas de nossa antropologia ocidental que, a bem da verdade, comparada com outras, como da tradição yoga da Índia, do Tao da China ou mesmo dos yanomamis, dos maias e dos quéchuas, é relativamente esquemática e pobre. Mas é como a nossa cultura vê o indivíduo pessoal, mesmo com os avanços das ciências da vida e da Terra que a têm enriquecido enormemente.

O ser humano individual é uma realidade una e complexa, estruturada em três dimensões que se entrelaçam e que têm como portador sempre o mesmo e único sujeito individual. Ele se apresenta com uma *exterioridade*: homem-corpo, com uma *interioridade*: homem-psiqué, e com uma *profundidade*: o homem-espírito. Consideremos que tipo de sustentabilidade é adequada para cada uma destas dimensões.

1 A sustentabilidade do homem-corpo individual

Antes de qualquer outra determinação, o homem-corpo é parte do universo, fruto de um processo ascendente da evolução, feito com os materiais com os quais todos os corpos celestes são feitos, mas vivificado por 30 bilhões de células renovadas por um sistema genético que se formou ao longo dos 3,8 bilhões de anos, dotado de um cérebro com cerca de 100 bilhões de neurônios que continuamente fazem perto de um trilhão de sinapses (conexões) por minuto.

Com sua realidade corporal, o indivíduo se faz presente aos outros e se relaciona com todas as realidades existentes à sua volta. Possui um modo de ser próprio, que é sua presença. Esta comparece como uma realidade misteriosa, pois não representa um simples estar-aí, mas significa o ser em sua plena densidade. Ela é viva, fala e envia sinais. Cada indivíduo pessoal tem seu tipo de presença.

Tal presença, que não é totalmente controlável, pode irradiar tanto calma e benevolência quanto projetar desassossego e perplexidade. Ela irrompe da interioridade do indivíduo e por isso é de difícil compreensão racional. A presença se percebe e se intui.

O corpo é vivo, alimenta-se, veste-se, elabora sua aparição no cenário da vida. O corpo vem sempre sexuado, como homem ou como mulher. Cada qual possui uma relação singular com ele. Para a mulher, o corpo pertence à sua subjetividade, ela é fundamentalmente corpo. Para o homem, o corpo é uma realidade objetiva que ele tem, como se fora um instrumento de sua ação no mundo. A veste para ambos adquire significados diferentes. Para a mulher, é a forma como estetiza a existência e transmite uma mensagem aos demais; para o homem, é um meio com o qual se cobre e esconde suas vergonhas. Como observava o romancista moçambicano Mia Couto: "Toda a roupa recebe a alma de quem a usa" (*No rio chamado tempo*, 2002, p. 163). Quer dizer, a roupa qualifica um tipo de presença, ora suave, ora estravagante; ora bela, ora desajeitada. Há corpos belos, irradiantes como que saídos do Olimpo, seja de um deus ou de uma deusa. Há outros marcados pela história de vida; embora não obedeçam a critérios estéticos, são significativos e chamam a atenção. Especialmente expressivos são os rostos, os olhos e a *mise-en-scène* do indivíduo.

Importante para o corpo é a vitalidade que advém da saúde. Esta é decisiva e objeto de cuidados permanentes, pois constitui a base para tudo o que nos acontece na vida.

Que significaria sustentabilidade para o corpo? É o estar bem consigo mesmo, reconciliado com seu modo de ser e de aparecer. É o cuidado da saúde pela alimentação balanceada e por exercícios físicos que lhe garantem a energia de viver e exercer todo tipo de atividade no mundo, desde o trabalho no campo até tocar violino num concerto ou presidir uma celebração solene de liturgia. Sustentabilidade implica a manutenção do vigor de vida, o cuidado e a prevenção face a riscos possíveis no decorrer da existência. Pertence à sustentabilidade individual também a capacidade de regeneração, pois tudo o que é sadio pode ficar doente e novamente pode recuperar a saúde.

Mas o sentido mais raso e realístico de sustentabilidade se realiza quando cada indivíduo puder viver autonomamente, ganhar seu pão, para ele e para a sua família, conseguir chegar ao final do mês com as contas pagas, de alimentação, de água, de luz, de telefone, de internet, de aluguel da casa, de transporte, de educação e de outras coisas básicas da infraestrutura material.

Sob este ponto de vista, grande parte da humanidade não goza de sustentabilidade: vive abaixo da linha da pobreza, sem água tratada, sem esgoto, sem luz e com má nutrição. Desafio para todos os governos é garantir a sustentabilidade mínima de seus cidadãos, coisa que foi objeto das políticas públicas do Governo Lula e de outros similares. Isso não significa assistencialismo, mas humanitarismo básico que, em cada administração, deve ser sustentavelmente garantido. Para o Papa Francisco vigora uma estreita ligação entre pobreza e sustentabilidade:

> O ambiente humano e o ambiente natural degradam-se em conjunto e não podemos enfrentar adequadamente a degradação ambiental se não prestarmos atenção às causas que têm a ver com a degradação humana e social... Não podemos deixar de reconhecer que uma verdadeira abordagem ecológica sempre se torna uma abordagem social, que deve integrar a justiça nos debates sobre o meio ambiente, para ouvir tanto o grito da Terra como o grito dos pobres... É fundamental buscar soluções integradas

que considerem as interações dos sistemas naturais entre si e com os sistemas sociais. Não há duas crises separadas: uma ambiental e outra social, mas uma única e complexa crise socioambiental. As diretrizes para a solução requerem uma abordagem integral para combater a pobreza, devolver dignidade aos excluídos e simultaneamente, cuidar da natureza (*Laudato Si'*, n. 48, 49 e 139).

O corpo vivo é mortal e está submetido à lei universal da entropia. Seu capital biótico vai se desgastando, envelhecendo, enfraquecendo até morrer. A morte pertence à vida. Acolhê-la com serenidade, sair do mundo agradecendo e abençoando, pertence à sustentabilidade espiritual da vida mortal humana. Também a morte pode ser sustentável: é aquela jovialmente acolhida e tida não como castigo, mas como um acontecimento que pertence à vida. Para pessoas religiosas a morte significa o momento alquímico da grande travessia para a eternidade e a possibilidade de beber da Fonte Originária de todo o Ser e, por fim, cair no seio de Deus-Pai-e-Mãe de infinita bondade e amor, e assim poder viver feliz uma vida absolutamente sustentável porque eterna.

2 A sustentabilidade do homem-psiqué individual

Como há um exterior, há também um interior, o universo psíquico humano. A psiqué também teve seu lugar no processo da evolução quando a matéria foi se enovelando sobre si mesma até tornar-se consciente, elaborar o mundo das moções, paixões, afetos e sentimentos. Somos fundamentalmente seres de *pathos* (sentimentos e paixões), capazes de ser afetados pelo mundo circundante e simultaneamente de afetá-lo.

A psiqué vem habitada por uma energia vulcânica: a estrutura de desejo, cuja natureza é ilimitada, ou pela libido, chamada pelos orientais de *kundalini* (a energia da serpente cósmica que penetra todos os seres e vitaliza nossa interioridade). Do desejo nascem os sonhos, as utopias e as ideias geradoras que conferem dinamismo à vida e constitui a fonte do *princípio esperança*, de onde nascem os impulsos de transformação. O desejo demanda controle a partir de um projeto de vida consciente; caso contrário, pode dramatizar a vida humana e até levá-la à obsessão e à loucura.

Anjos e demônios habitam a psiqué, bem como dimensões de sombras e de luz que expressam as experiências bem-sucedidas ou fracassadas da história individual e do inconsciente coletivo que atua em sua profundidade. Nesse sentido, o desafio existencial consiste em integrar estas pulsões e encontrar um ponto de equilíbrio que confira brilho à vida e lhe traga serenidade e paz duradoura.

Há ainda na vida psíquica um impulso irrefreável à autorrealização, impulso que manifesta potencialidades e aptidões escondidas dentro de cada um e que tensionam para se revelar e fazer o seu caminho. Na linguagem do psicanalista C.G. Jung, cada um é habitado por um arquétipo central (um impulso que emerge das profundidades do mundo psíquico) e que forceja para se historizar na vida do indivíduo. Quanto mais fiel for às mensagens que vêm deste Eu profundo, mais oportunidades têm de plasmar seu destino de vida e elaborar um perfil singular de sua personalidade.

A sustentabilidade psíquica do indivíduo consiste naquele acordo que puder estabelecer com suas energias interiores, no sentido da integração das pulsões contraditórias, mas complementares, como é a dimensão de sombra com a de luz, ou o equilíbrio dinâmico entre as pulsões da autoafirmação e o chamado para a integração num todo maior, sabendo optar pela luz, consciente de que a sombra sempre o acompanha, e decidir-se pelo bem de todos a despeito da força da busca do bem individual. Essa integração só se conquista com muito trabalho, às vezes contra si mesmo, até lograr aquela justa medida que lhe permite ser interiormente livre e sentir-se realizado na existência junto com os outros.

O efeito desta sustentabilidade se irradia para além do indivíduo, pois alcança as relações interpessoais e sociais que se mostram mais suaves e produzem o efeito nos outros de sentir-se bem em sua companhia. A vida é marcada por menos ativismo estressante. Tudo vem feito com mais serenidade e paz, bases da discreta felicidade humana.

3 Sustentabilidade do homem-espírito individual

Além da exterioridade corporal e da interioridade psíquica vigora, por fim, uma *profundidade* no ser humano individual. É sua dimensão de espírito, da qual já nos referimos, a mais secreta e sagrada, campo onde emergem os grandes conflitos, tomam-se sérias decisões e se define o sentido maior da vida. O espírito é tão ancestral quanto a matéria e o universo. Espírito, voltamos a sublinhar, significa a capacidade de relação e de conexão que todos os seres entretêm entre si, gerando informações e constituindo a rede de energias que sustentam todo o universo. Este espírito cósmico, *Matriz Relacional,* torna-se consciente no indivíduo e por isso pode fazer história e fundar um projeto de vida que traz a marca da natureza do espírito.

É próprio do espírito ser um sistema aberto, capaz de interagir permanentemente em todas as direções, estabelecer interconexões, perceber o Todo e sentir-se parte dele. Pelo espírito dá-se conta de que as coisas não estão jogadas aleatoriamente ao léu, mas formam sistemas e ordens cada vez mais complexas e altas. Intui que há um Elo que entrelaça todos os seres, fazendo que sejam um cosmos e não um caos.

O homem-espírito é capaz de abrir-se a esse Elo que se revela como poderosa Energia de comunhão, união e amor. Abre-se a ela e a acolhe dentro de si. Estabelece uma aliança de intimidade com ela. É o encontro inefável com o mistério do mundo que o convida ao silêncio reverente, à meditação e à contemplação. Só o homem espiritual pode extasiar-se, perceber o Todo na parte e dar-se conta de que a parte só é parte de um Todo. Ele pode fazer a experiência gratificante do poeta e místico inglês William Blake (1757-1827): "Ver um mundo num grão de areia e um céu numa flor silvestre, ter o Infinito na palma de sua mão e a eternidade numa hora".

Esta dimensão espiritual, que é um dado da existência, independente da religião, suscita no indivíduo os mais nobres sentimentos de amor, de compaixão, de doação ao outro, de perdão e, eventualmente, de entrega da própria vida por uma causa pela qual vale a pena morrer.

A sustentabilidade do homem-espírito individual consiste, a tempo e contratempo, em cultivar o espaço do profundo, reservar-se um momento para o recolhimento a fim de escutar o próprio coração e elevar-se até o coração de Deus. Para o indivíduo espiritual a morte não é perda. É um ganho, pois significa um peregrinar rumo à Fonte, o momento misterioso da transfiguração da vida na Vida Eterna. Quem conseguir manter e alimentar esta dimensão da profundidade no meio do mundo exterior e nos vai e vens do mundo interior viverá um sentimento de realização e de harmonização com o Todo, para o qual não há palavras adequadas. É preferível o nobre silêncio de Buda ou a atitude reverente dos místicos que a tagarelice das muitas palavras dos teólogos e dos pensadores.

Como se pode compreender, a sustentabilidade recobre todos os âmbitos da realidade, do mais vasto, que é o universo, até o mais íntimo, que é o coração do indivíduo pessoal. Tudo existe, coexiste e continua a existir porque há uma Energia poderosa que continuamente produz sustentabilidade e permite que a evolução continue em seu curso de expansão, de autocriação e de ascensão a formas de ser cada vez mais complexas e espirituais e concede ao ser humano poder testemunhar este processo, sentir-se parte dele, crescer e se enriquecer com ele.

Conclusão
Um chamado à cooperação e à esperança

As ponderações e as análises críticas que fizemos seguramente suscitaram, em muitos, perplexidades e angústias. Há um tipo de angústia, de natureza existencial, tão bem analisada pelo filósofo e teólogo dinamarquês Søren Kierkegaard, que é salutar, pois nos desinstala e nos move à ação (veja KIERKEGAARD, S. *O conceito de angústia*, 2011, p. 44-49). Esta angústia não pode ser curada por nenhum psicanalista porque pertence à condição humana.

Vivemos tempos dramáticos e, ao mesmo tempo, esperançadores. Dramáticos porque nossa Casa Comum, a Terra, parece estar ardendo em chamas. Temos que nos organizar para salvá-la. Esperançadores porque mais e mais pessoas estão despertando para suas responsabilidades para com o futuro comum, da vida, da humanidade e da Terra. Este futuro só será garantido se colocarmos a sustentabilidade como um denominador comum de todas as formas de vida e de nossas práticas.

Os tomadores de decisões, particularmente no campo da economia e das finanças, em profunda crise sistêmica, lentamente percebem que as causas principais da crise atual não se encontram na economia, mas na ética que foi desrespeitada pelo excesso de ganância e pela ausência da justa medida que levou à falta de confiança, necessária para a fluidez da vida econômica. Temos que voltar a fazer o bem, o justo e o certo, e não apenas não fazer o mal. Por isso se justifica a intrigante pergunta: Que tipo de sustentabilidade os países industrializados e ricos podem oferecer para a vida e para a Terra, se não conseguem sequer garantir a sustentabilidade daquilo que constitui o mais importante para eles, que são os mercados e o valor das moedas?

Não obstante estes impasses, cremos que, ao agravar-se, dia a dia, o mal-estar cultural e ecológico, vai prevalecer o senso de urgência, que porá em marcha a quebra do paradigma de dominação e de conquista atual em favor do paradigma do cuidado e da responsabilidade coletiva, este sim, capaz de devolver vitalidade à Terra e assegurar um futuro melhor para o mundo globalizado.

O nível mais alto de consciência, o espiritual, convencer--nos-á a amar mais a vida do que o capital material, a evitar todo tipo de dano à biosfera e a tirar da Terra somente aquilo que realmente precisamos para viver com suficiência e decência. Esse é um dos propósitos básicos da sustentabilidade.

Por natureza somos seres de cooperação e de solidariedade. Em momentos de grande risco e de tragédias coletivas se anulam as diferenças de classe social e todos são convocados para a cooperação e para a solidariedade. Então nos entreajudamos para nos salvar. Esse momento se aproxima, pois a Terra está dando inequívocos sinais de estresse e de limites de suas forças.

Não estamos diante de uma tragédia anunciada, mas no coração de uma crise fundamental que vai nos acrisolar, purificar e permitir dar um salto rumo a uma humanidade sustentável habitando um mundo que juntos podemos fazê-lo existir sustentavelmente.

Anexo

1
Carta da Terra

No dia 14 de março de 2000, na Unesco em Paris, foi aprovada depois de 8 anos de discussões em todos os continentes, envolvendo 46 países e mais de cem mil pessoas, desde escolas primárias, esquimós, indígenas da Austrália, do Canadá e do Brasil, entidades da sociedade civil, até grandes centros de pesquisa, universidades, empresas e religiões, *A Carta da Terra*. Em 2003 foi assumida oficialmente pela Unesco. Deverá ser apresentada e assumida pela ONU, após aprofundada discussão, com o mesmo valor da Declaração Universal dos Direitos Humanos. Por ela poderão prender-se os agressores da dignidade da Terra, em qualquer parte do mundo, e levá-los aos tribunais.

Na Comissão de Redação estavam Mikhail Gorbachev, Maurice Strong, Steven Rockfeller, Mercedes Sosa, Paulo Freire, Leonardo Boff e outros. Aqui segue a Carta para ser discutida nas comunidades e em todos os âmbitos. Seu texto pode ser encontrado na internet: www.cartadaterra.org ou www.earthcharter.org

Preâmbulo

Estamos diante de um momento crítico na história da Terra, numa época em que a humanidade deve escolher o seu futuro. À medida que o mundo se torna cada vez mais interdependente e frágil, o futuro enfrenta, ao mesmo tempo, grandes perigos e grandes promessas. Para seguir adiante, devemos reconhecer que, no meio de uma magnífica diversidade de culturas e formas de vida, somos uma família humana e uma comunidade terrestre com um destino comum. Devemos somar forças para gerar uma sociedade sustentável global baseada no respeito à natureza, nos direitos humanos universais, na justiça econômica e numa cultura da paz. Para chegar a este propósito é imperativo que nós, os povos da Terra, declaremos nossa responsabilidade uns para com os outros, com a grande comunidade da vida e com as futuras gerações.

Terra, nosso lar

A humanidade é parte de um vasto universo em evolução. A Terra, nosso lar, está viva com uma comunidade de vida única. As forças da natureza fazem da existência uma aventura exigente e incerta, mas a Terra providenciou as condições essenciais para a evolução da vida. A capacidade de recuperação da comunidade da vida e o bem-estar da humanidade dependem da preservação de uma biosfera saudável com todos seus sistemas ecológicos, uma rica variedade de plantas e animais, solos férteis, águas puras e ar limpo. O meio ambiente global com seus recursos finitos é uma preocupação comum de todas as pessoas. A proteção da vitalidade, diversidade e beleza da Terra é um dever sagrado.

A situação global

Os padrões dominantes de produção e consumo estão causando devastação ambiental, redução dos recursos e uma massiva extinção de espécies. Comunidades estão sendo arruinadas. Os benefícios do desenvolvimento não estão sendo divididos equitativamente e o fosso entre ricos e pobres está aumentando. A injustiça, a pobreza, a ignorância e os conflitos violentos têm aumentado e são causa de grande sofrimento. O crescimento sem precedentes da população humana tem sobrecarregado os sistemas ecológico e social. As bases da segurança global estão ameaçadas. Essas tendências são perigosas, mas não inevitáveis.

Desafios para o futuro

A escolha é nossa: formar uma aliança global para cuidar da Terra e uns dos outros, ou arriscar a nossa destruição e a da diversidade da vida. São necessárias mudanças fundamentais dos nossos valores, instituições e modos de vida. Devemos entender que, quando as necessidades básicas forem atingidas, o desenvolvimento humano será primariamente o de ser mais e, não, ter mais. Temos o conhecimento e a tecnologia necessários para abastecer a todos e reduzir nossos impactos ao meio ambiente. O surgimento de uma sociedade civil global está criando novas oportunidades para construir um mundo democrático e humano. Nossos desafios ambientais, econômicos, políticos, sociais e espirituais estão interligados, e juntos podemos forjar soluções includentes.

Responsabilidade universal

Para realizar estas aspirações devemos decidir viver com um sentido de responsabilidade universal, identificando-nos com toda a comunidade terrestre, bem como com nossa comunidade local. Somos ao mesmo tempo cidadãos de nações diferentes e de um mundo no qual a dimensão local e a global estão ligadas. Cada um comparte responsabilidade pelo presente e pelo futuro, pelo bem-estar da família humana e do grande mundo dos seres vivos. O espírito de solidariedade humana e de parentesco com toda a vida é fortalecido quando vivemos com reverência o mistério da existência, com gratidão pelo presente da vida e com humildade, considerando o lugar que ocupa o ser humano na natureza.

Necessitamos com urgência de uma visão de valores básicos para proporcionar um fundamento ético à emergente comunidade mundial. Portanto, juntos na esperança, afirmamos os seguintes princípios, todos interdependentes, visando a um modo de vida sustentável como critério comum, através dos quais a conduta de todos os indivíduos, organizações, empresas de negócios, governos e instituições transnacionais será guiada e avaliada.

Princípios

I. RESPEITAR E CUIDAR DA COMUNIDADE DE VIDA

1. Respeitar a Terra e a vida em toda sua diversidade

a. Reconhecer que todos os seres são interligados e cada forma de vida tem valor, independentemente do uso humano.

b. Afirmar a fé na dignidade inerente de todos os seres humanos e no potencial intelectual, artístico, ético e espiritual da humanidade.

2. Cuidar da comunidade da vida com compreensão, compaixão e amor

a. Aceitar que, com o direito de possuir, administrar e usar os recursos naturais vem o dever de impedir o dano causado ao meio ambiente e de proteger o direito das pessoas.

b. Afirmar que o aumento da liberdade, dos conhecimentos e do poder comporta responsabilidade na promoção do bem comum.

3. Construir sociedades democráticas que sejam justas, participativas, sustentáveis e pacíficas

a. Assegurar que as comunidades em todos os níveis tenham garantidos os direitos humanos e as liberdades fundamentais e dar a cada uma a oportunidade de realizar seu pleno potencial.

b. Promover a justiça econômica, propiciando a todos a consecução de uma subsistência significativa e segura, que seja ecologicamente responsável.

4. Garantir a generosidade e a beleza da Terra para as gerações atuais e futuras

a. Reconhecer que a liberdade de ação de cada geração é condicionada pelas necessidades das gerações futuras.

b. Transmitir às futuras gerações valores, tradições e instituições que apoiem, a longo prazo, a prosperidade das comunidades humanas e ecológicas da Terra.

Para poder cumprir estes quatro extensos compromissos é necessário:

II. INTEGRIDADE ECOLÓGICA

5. Proteger e restaurar a integridade dos sistemas ecológicos da Terra, com especial preocupação pela diversidade biológica e pelos processos naturais que sustentam a vida

a. Adotar planos e regulações de desenvolvimento sustentável em todos os níveis, que façam com que a conservação ambiental e a reabilitação sejam parte integral de todas as iniciativas de desenvolvimento.

b. Estabelecer e proteger as reservas com uma natureza viável e da biosfera, incluindo terras selvagens e áreas marinhas, para proteger os sistemas de sustento à vida da Terra, manter a biodiversidade e preservar nossa herança natural.

c. Promover a recuperação de espécies e ecossistemas em perigo.

d. Controlar e erradicar organismos não nativos ou modificados geneticamente que causem dano às espécies nativas, ao meio ambiente, e prevenir a introdução desses organismos danosos.

e. Manejar o uso de recursos renováveis como a água, solo, produtos florestais e a vida marinha com maneiras que não excedam as taxas de regeneração e que protejam a sanidade dos ecossistemas.

f. Manejar a extração e uso de recursos não renováveis como minerais e combustíveis fósseis, de forma que diminua a exaustão e não cause sério dano ambiental.

6. Prevenir o dano ao ambiente como o melhor método de proteção ambiental e, quando o conhecimento for limitado, tomar o caminho da prudência

a. Orientar ações para evitar a possibilidade de sérios ou irreversíveis danos ambientais, mesmo quando a informação científica seja incompleta ou não conclusiva.

b. Impor o ônus da prova àqueles que afirmam que a atividade proposta não causará dano significativo e fazer com que os grupos sejam responsabilizados pelo dano ambiental.

c. Garantir que a decisão a ser tomada se oriente pelas consequências humanas globais, cumulativas, de longo termo, indiretas e de longa distância.

d. Impedir a poluição de qualquer parte do meio ambiente e não permitir o aumento de substâncias radioativas, tóxicas ou de outras substâncias perigosas.

e. Evitar que atividades militares causem dano ao meio ambiente.

7. Adotar padrões de produção, consumo e reprodução que protejam as capacidades regenerativas da Terra, os direitos humanos e o bem-estar comunitário

a. Reduzir, reutilizar e reciclar materiais usados nos sistemas de produção e consumo e garantir que os resíduos possam ser assimilados pelos sistemas ecológicos.

b. Atuar com restrição e eficiência no uso da energia e recorrer cada vez mais aos recursos energéticos renováveis como a energia solar e a do vento.

c. Promover o desenvolvimento, a adoção e a transferência equitativa de tecnologias ambientais saudáveis.

d. Incluir totalmente os custos ambientais e sociais de bens e serviços no preço de venda e habilitar os consumidores a identificar produtos que satisfaçam as mais altas normas sociais e ambientais.

e. Garantir acesso universal ao cuidado da saúde que fomente a saúde reprodutiva e a reprodução responsável.

f. Adotar estilos de vida que acentuem a qualidade de vida e o suficiente material num mundo finito.

8. Avançar o estudo da sustentabilidade ecológica e promover a troca aberta e uma ampla aplicação do conhecimento adquirido

a. Apoiar a cooperação científica e técnica internacional relacionada à sustentabilidade, com especial atenção às necessidades das nações em desenvolvimento.

b. Reconhecer e preservar os conhecimentos tradicionais e a sabedoria espiritual em todas as culturas que contribuem para a proteção ambiental e o bem-estar humano.

c. Garantir que informações de vital importância para a saúde humana e para a proteção ambiental, incluindo informação genética, estejam disponíveis ao domínio público.

III. JUSTIÇA SOCIAL E ECONÔMICA

9. Erradicar a pobreza como um imperativo ético, social, econômico e ambiental

a. Garantir o direito à água potável, ao ar puro, à segurança alimentar, aos solos não contaminados, ao abrigo e saneamento seguro, distribuindo os recursos nacionais e internacionais requeridos.

b. Prover cada ser humano de educação e recursos para assegurar uma subsistência sustentável, e dar seguro social [médico] e segurança coletiva a todos aqueles que não são capazes de manter-se a si mesmos.

c. Reconhecer o ignorado, proteger o vulnerável, servir àqueles que sofrem e permitir-lhes desenvolver suas capacidades e alcançar suas aspirações.

10. Garantir que as atividades econômicas e instituições em todos os níveis promovam o desenvolvimento humano de forma equitativa e sustentável

a. Promover a distribuição equitativa da riqueza dentro e entre as nações.

b. Incrementar os recursos intelectuais, financeiros, técnicos e sociais das nações em desenvolvimento e aliviar as dívidas internacionais onerosas.

c. Garantir que todas as transações comerciais apoiem o uso de recursos sustentáveis, a proteção ambiental e normas laborais progressistas.

d. Exigir que corporações multinacionais e organizações financeiras internacionais atuem com transparência em benefício do bem comum e responsabilizá-las pelas consequências de suas atividades.

11. Afirmar a igualdade e a equidade de gênero como pré-requisitos para o desenvolvimento sustentável e assegurar o acesso universal à educação, ao cuidado da saúde e às oportunidades econômicas

a. Assegurar os direitos humanos das mulheres e das meninas e acabar com toda violência contra elas.

b. Promover a participação ativa das mulheres em todos os aspectos da vida econômica, política, civil, social e cultural como parceiras plenas e paritárias, tomadoras de decisão, líderes e beneficiárias.

c. Fortalecer as famílias e garantir a segurança e a criação amorosa de todos os membros da família.

12. Defender, sem discriminação, os direitos de todas as pessoas a um ambiente natural e social, capaz de assegurar a dignidade humana, a saúde corporal e o bem-estar espiritual, dando especial atenção aos direitos dos povos indígenas e minorias

a. Eliminar a discriminação em todas as suas formas, como as baseadas na raça, cor, gênero, orientação sexual, religião, idioma e origem nacional, étnica ou social.

b. Afirmar o direito dos povos indígenas à sua espiritualidade, conhecimentos, terras e recursos, assim como às suas práticas relacionadas a formas sustentáveis de vida.

c. Honrar e apoiar os jovens das nossas comunidades, habilitando-os a cumprir seu papel essencial na criação de sociedades sustentáveis.

d. Proteger e restaurar lugares notáveis, de significado cultural e espiritual.

IV. DEMOCRACIA, NÃO VIOLÊNCIA E PAZ

13. Fortalecer as instituições democráticas em todos os níveis e proporcionar-lhes transparência e prestação de contas no exercício do governo, a participação inclusiva na tomada de decisões e no acesso à justiça

a. Defender o direito de que todas as pessoas recebam informação clara e oportuna sobre assuntos ambientais e todos os planos de desenvolvimento e atividades que poderiam afetá-las ou nos quais tivessem interesse.

b. Apoiar sociedades locais, regionais e globais e promover a participação significativa de todos os indivíduos e organizações na tomada de decisões.

c. Proteger os direitos à liberdade de opinião, de expressão, de assembleia pacífica, de associação e de oposição [ou discordância].

d. Instituir o acesso efetivo e eficiente a procedimentos administrativos e judiciais independentes, incluindo mediação e retificação dos danos ambientais e da ameaça de tais danos.

e. Eliminar a corrupção em todas as instituições públicas e privadas.

f. Fortalecer as comunidades locais, habilitando-as a cuidar dos seus próprios ambientes e designar responsabilidades ambientais em nível governamental onde possam ser cumpridas mais efetivamente.

14. Integrar na educação formal e aprendizagem ao longo da vida os conhecimentos, valores e habilidades necessários para um modo de vida sustentável

a. Oferecer a todos, especialmente a crianças e jovens, oportunidades educativas que os capacitem a contribuir ativamente para o desenvolvimento sustentável.

b. Promover a contribuição das artes e humanidades, assim como das ciências, na educação sustentável.

c. Intensificar o papel dos meios de comunicação de massas no sentido de aumentar a conscientização dos desafios ecológicos e sociais.

d. Reconhecer a importância da educação moral e espiritual para uma subsistência sustentável.

15. Tratar todos os seres vivos com respeito e consideração

a. Impedir crueldades aos animais mantidos em sociedades humanas e diminuir seus sofrimentos.

b. Proteger animais selvagens de métodos de caça, armadilhas e pesca que causem sofrimento externo, prolongado e evitável.

c. Evitar ou eliminar ao máximo possível a captura ou destruição de espécies que não são o alvo [ou objetivo].

16. Promover uma cultura de tolerância, não violência e paz

a. Estimular e apoiar os entendimentos mútuos, a solidariedade e a cooperação entre todas as pessoas, dentro e entre nações.

b. Implementar estratégias amplas para prevenir conflitos violentos e usar a colaboração na resolução de problemas para manejar e resolver conflitos ambientais e outras disputas.

c. Desmilitarizar os sistemas de segurança nacional até chegar ao nível de uma postura não provocativa da defesa e converter os recursos militares em propósitos pacíficos, incluindo restauração ecológica.

d. Eliminar armas nucleares, biológicas e tóxicas e outras armas de destruição de massa.

e. Assegurar que o uso de espaços orbitais e exteriores mantenham a proteção ambiental e a paz.

f. Reconhecer que a paz é a integridade criada por relações corretas consigo mesmo, com outras pessoas, outras culturas, outras vidas, com a Terra e com o grande Todo do qual somos parte.

O caminho adiante

Como nunca antes na história, o destino comum nos conclama a buscar um novo começo. Tal renovação é a promessa dos princípios da *Carta da Terra*. Para cumprir esta promessa temos que nos comprometer a adotar e promover os valores e objetivos da Carta.

Isto requer uma mudança na mente e no coração. Requer um novo sentido de interdependência global e de responsabilidade universal. Devemos desenvolver e aplicar com imaginação a visão de um modo de vida sustentável em nível local, nacional, regional e global. Nossa diversidade cultural é uma herança preciosa, e diferentes culturas encontrarão suas próprias e distintas formas de realizar esta visão. Devemos aprofundar e expandir o diálogo global gerado pela *Carta da Terra*, porque temos muito que aprender da continuada busca de verdade e de sabedoria.

A vida muitas vezes envolve tensões entre valores importantes. Isto pode significar escolhas difíceis. Porém, necessitamos encontrar caminhos para harmonizar a diversidade com a unidade, o exercício da liberdade com o bem comum, objetivos de curto prazo com metas de longo prazo. Todo indivíduo, família, organização e comunidade têm um papel vital a desempenhar. As artes, as ciências, as religiões, as instituições educativas, os meios de comunicação, as empresas, as organizações não governamentais e os governos são todos chamados a oferecer uma liderança criativa. A parceria entre governo, sociedade civil e empresa é essencial para uma governabilidade efetiva.

Para construir uma comunidade global sustentável, as nações do mundo devem renovar seu compromisso com as Nações Unidas, cumprir com suas obrigações, respeitando os acordos internacionais existentes e apoiar a implementação dos princípios da *Carta da Terra* junto com um instrumento internacional legalmente vinculante com referência ao ambiente e ao desenvolvimento.

Que o nosso tempo seja lembrado pelo despertar de uma nova reverência face à vida, por um compromisso firme de alcançar a sustentabilidade, pela rápida luta pela justiça, pela paz e pela alegre celebração da vida.

2
Dicas de sustentabilidade ecológica

No final de nosso estudo queremos apontar alguns caminhos práticos que nos ajudam a viver a sustentabilidade ecológica, urgente neste momento da história.

Nada aqui é completo, mas são sugestões de como todos e cada um podem fazer suas *revoluções moleculares*, como tanto insistia o filósofo francês que muito amava o Brasil: Felix Guatari. Tais revoluções são aquelas que começam com as pessoas que creem nas virtualidades latentes em si mesmas e que estão convencidas de que a grande virada se faz a partir de uma cadeia de pequenas viradas.

Pelo fato de sermos interdependentes, cada coisa certa e sustentável que fizermos repercutirá no todo. Por essa razão, tudo é importante, seja o que é feito numa escola, num grupo de jovens, num grande laboratório, numa decisão política ou numa manifestação indígena em favor da paz mundial. Tudo concorre para resgatar, sanar e conferir sustentabilidade à vida de Gaia e à nossa própria vida.

Todas as mudanças importantes na história começam nas mentes, nos sonhos e na consciência das pessoas. Daí nascem ações eficazes, e destas nascem novos pensamentos e novos níveis de consciência. Portanto, para mudar precisamos querer e definir um certo caminho e direção.

1 Mudanças em nossa mente

• Alimente sempre a convicção e a esperança de que outra relação para com a Terra é possível, mais em harmonia com seus ciclos e respeitando seus limites.

• Acredite que a crise ecológica não precisa se transformar numa tragédia, mas numa nova oportunidade de mudança para um outro tipo de sociedade mais respeitadora da natureza e mais inclusiva de todos os seres humanos e, por isso, mais sustentável.

• Dê centralidade ao coração, à sensibilidade, ao afeto, à compaixão e ao amor, pois sem essas dimensões não é possível nos mobilizarmos para salvar a Mãe Terra, seus ecossistemas e nossa civilização.

• Reconheça que a Terra é viva, mas finita; semelhante a um sistema fechado como uma nave espacial, com recursos escassos de água e de alimentos.

• Resgate o princípio da re-ligação: todos os seres, especialmente os vivos, são interdependentes e são também expressão da vitalidade do todo, que é o Sistema Terra. Portanto, todos temos um destino comum e devemos nos acolher fraternalmente na convivência.

• Entenda que a sustentabilidade global só será garantida mediante o respeito aos ciclos naturais, consumindo com racionalidade os recursos não renováveis e dando tempo à natureza para regenerar os renováveis.

• Dê valor à biodiversidade, quer dizer, valorize cada ser vivo ou inerte, pois tem valor em si mesmo e ocupa o seu lugar no todo. É a biodiversidade que garante a vida como um todo, pois propicia a cooperação de todos, tendo em vista a sobrevivência comum.

• Valorize as virtualidades contidas no pequeno e no que vem de baixo, pois aí podem estar contidas soluções globais, bem expressas pelo efeito borboleta positivo.

• Quando estiver confuso e não enxergar mais o horizonte, confie na imaginação criativa, pois ela contém as respostas escondidas para as nossas perplexidades.

• Esteja convencido de que para os problemas da Terra não há apenas uma solução, mas muitas, que deverão surgir do diálogo, das trocas de saberes e das complementaridades de nossas experiências.

• Nunca considere a realidade como algo simples; ela é sempre complexa, pois inúmeros fatores estão concorrendo a cada instante para que ela exista e continue dentro do ecosistema. Por isso, devemos enfrentar os problemas em todas as suas frentes, e as soluções devem considerar as várias esferas da realidade. Caso contrário, a sustentabilidade será precária.

• Exercite o pensamento lateral, quer dizer, coloque-se no lugar do outro e tente ver com os olhos dele. Aí verá a realidade de forma diferente e mais completa e em sua complementaridade.

• Respeite as diferenças culturais (cultura camponesa, urbana, nordestina, amazônica, negra, indígena, masculina, feminina etc.), pois todas elas mostram a versatilidade da essência humana e nos enriquecem mutuamente, haja vista que no ser humano tudo é complementar. Podemos ser humanos de muitas formas diferentes e todas elas são enriquecedoras.

• Supere o pensamento único da ciência dominante e valorize os saberes cotidianos e populares, das culturas originárias e do mundo agrário, pois ajudam na busca de soluções globais.

• Exija que a ciência se faça com consciência e suas práticas sejam submetidas a critérios éticos, para que as conquistas alcançadas beneficiem mais a vida e a humanidade do que o mercado e o lucro.

• Não deixe de valorizar a contribuição das mulheres, porque elas têm, naturalmente, a lógica do complexo e são mais sensíveis a tudo o que está relacionado à vida.

• Coloque acima de tudo a equidade (a distribuição o mais igualitária possível, consoante as necessidades e capacidades das pessoas) e o bem comum, pois as conquistas humanas devem beneficiar a todos, e não a apenas 18% da humanidade, como ocorre atualmente.

• Faça uma opção consciente por uma vida de simplicidade e frugalidade, que se contrapõe ao consumismo.

• Acredite que poderá viver melhor com menos, dando mais importância ao ser do que ao ter e ao aparecer.

• Seja um cultivador de *valores intangíveis*, ou seja, daqueles bens relacionados ao amor, à gratuidade, à solidariedade, à cooperação e à beleza: encontros pessoais, trocas de experiências, cultivo da arte, especialmente da música. Em tudo isso, o que conta não é a quantidade e o preço, mas a qualidade e o valor.

• Acredite na resiliência, que é a capacidade de, nos fracassos e tropeços, dar a volta por cima e aprender deles, manejando-os a seu favor.

• Considere-se parte da solução do problema, e não parte do problema.

2 Mudanças na vida cotidiana

• Procure em tudo o caminho do diálogo e da flexibilidade, pois são eles que garantem o ganha-ganha como forma de diminuir os conflitos.

• Escute mais do que fale para permitir o aprendizado a partir do outro e encontrar uma convergência dentro das diversidades.

• Valorize tudo o que vem da experiência, dando especial atenção aos que são ignorados pela sociedade.

• Tenha sempre em mente que o ser humano é um ser contraditório, sapiente e ao mesmo tempo demente. Por isso, impõe-se em tudo certa distância crítica que deve vir junto com a compreensão e a tolerância diante dos limites e imperfeições dos outros.

• Tome a sério o fato de que as virtualidades cerebrais e espirituais do ser humano constituem um campo quase inexplorado, pois somente uma pequeníssima parte de nosso cérebro foi desenvolvida. Por tudo isso, sempre esteja aberto à irrupção do improvável e do inconcebível.

• Por mais problemas que tenha, a democracia sem fim sempre é a melhor forma de relação e de solução de conflitos; democracia a ser vivida na família, na comunidade, nas relações sociais e na organização do Estado. Ela expressa a igualdade fundamental dos seres humanos e permite a vontade de participação de cada um; pode crescer mais e mais, por isso, é sem fim.

• Não queime lixo e outros dejetos, pois eles fazem aumentar o aquecimento global.

• Avise as pessoas adultas ou as autoridades quando souber de desmatamentos, incêndios florestais, comércio de bromélias, plantas exóticas, aves e animais silvestres.

• Ajude a manter um belo visual de sua casa, da escola ou do local de trabalho, pois a beleza é parte da ecologia social e mental.

• Anime grupos para que em seu bairro seja criado um veículo de comunicação (quer seja uma folha ou um pequeno jornal) para debater questões ambientais, sociais e de sustentabilidade, e que possa acolher sugestões de todos em vista da melhoria local.

• Fale com frequência em casa, com os amigos, com os moradores de seu prédio e na rua sobre temas ambientais e de nossa responsabilidade pela qualidade de vida e pelo futuro da natureza.

• Reduza, reutilize, recicle, rearborize, rejeite (o consumismo, a propaganda espalhafatosa), redistribua e respeite. Estes 7 erres nos ajudam a ser responsáveis face à escassez de recursos naturais, sendo formas de sequestrar dióxido de carbono e outros gases poluentes da atmosfera que ameaçam a sustentabilidade.

3 Conselhos ecológicos do Padre Cícero Romão

O Padre Cícero Romão Batista, um dos ícones religiosos do povo nordestino e brasileiro, teve, ainda no início do século XX, uma sensível percepção ecológica. Elaborou preceitos que ensinava aos sertanejos (veja o livro *Pensamento vivo do Padre Cícero*. Rio de Janeiro: Ediouro, 1988), válidos até hoje:

- não derrube o mato, nem mesmo um só pé de pau;
- não toque fogo nem no roçado nem na caatinga;
- não cace mais e deixe os bichos viverem;
- não crie o boi nem o bode soltos: faça cercados e deixe o pasto descansar para se refazer;
- não plante em serra acima nem faça roçado em ladeira muito em pé; deixe o mato protegendo a terra para que a água não a arraste e não se perca a sua riqueza;
- faça uma cisterna no oitão de sua casa para guardar água da chuva;
- represe os riachos de cem em cem metros, ainda que seja com pedra solta;
- plante cada dia pelo menos um pé de algaroba, de caju, de sabiá ou outra árvore qualquer, até que o sertão seja uma mata só;
- aprenda a tirar proveito das plantas da caatinga, como a maniçoba, a favela e a jurema; elas podem ajudar a conviver com a seca;
- se o sertanejo obedecer a estes preceitos a seca vai aos poucos se acabando, o gado melhorando e o povo terá sempre o que comer;
- mas, se não obedecer, dentro de pouco tempo o sertão todo vai virar um deserto só.

Todas estas dicas teóricas (mente) e práticas (mãos) podem nos conferir a esperança de que é possível alcançar a sustentabilidade da vida, da humanidade e da Terra. As atuais dores não são de morte, mas de parto, de um novo nascimento. A Terra e a humanidade vão continuar e vão ainda irradiar, pois para isso existimos dentro do processo da evolução em aberto.

Recomendação de leituras

ARAÚJO, Q.R. (org.). *500 anos de uso do solo no Brasil*. Salvador: Uesc, 2002.

ARRUDA, L. & QUELHAS, O. "Sustentabilidade: um longo processo histórico de reavaliação crítica da relação existente entre a sociedade e o meio ambiente". *Boletim Técnico do Senac*, n. 3, set.-dez./2010, p. 53-63.

ARRUDA, M. *Educação para uma economia do amor* – Educação da práxis e economia solidária. Aparecida: Ideias e Letras, 2009.

_____. *Tornar o real possível*. Petrópolis: Vozes/Pacs, 2006.

_____. *Humanizar o infra-humano* – A formação do ser humano integral. Petrópolis: Vozes, 2003.

ARRUDA, M. & BOFF, L. *Globalização*: desafios socioeconômicos, éticos e educativos. Petrópolis: Vozes, 2000.

ATTALI, J. *Uma breve história do futuro*. São Paulo: Novo Século, 2008.

BARBAULT, R. *Ecologia geral* – Estrutura e funcionamento da biosfera. Petrópolis: Vozes, 2011.

BARBIERI, J.C. *Desenvolvimento e meio ambiente*. Petrópolis: Vozes, 1998.

BARRÈRE, M. *Terra*: patrimônio comum. São Paulo: Nobel, 1995.

BASCOPÉ, V. *Espiritualidad originaria en el Pacha Andino*. Cochabamba: Verbo Divino, 2008.

BERRY, T. *O sonho da Terra*. Petrópolis: Vozes, 1991.

BOFF, L. *Cuidar da Terra, proteger a vida* – Como evitar o fim do mundo. Rio de Janeiro: Record, 2010.

_____. *A opção Terra* – A solução para a Terra não cai do céu. Rio de Janeiro: Record, 2009.

_____. *Homem*: satã ou anjo bom? Rio de Janeiro: Record, 2008.

_____. *Responder florindo*. Rio de Janeiro: Mar de Ideias, 2011.

_____. *Ecologia*: grito da Terra, grito dos pobres. Rio de Janeiro: Sextante, 2003.

_____. *As quatro ecologias*. Petrópolis: CDDH, 2003 [DVD].

_____. *Ética & ecologia*: desafios do século 21. [s.l.]: [s.e.], 2002.

_____. *Do iceberg à arca de Noé*. Rio de Janeiro: Garamond, 2002.

BOFF, L. & HATHAWAY, M. *O Tao da libertação* – Explorando a ecologia da transformação. Petrópolis: Vozes, 2012.

BONALUME, W.L. *Desenvolvimento insustentável*: imprecisão e ambiguidades nas ciências ambientais. São Paulo: [Edição do autor], 2005.

BRUSCHI, L.C. *A origem da vida e o destino da matéria*. Londrina: UEL, 1999.

BROWN, L. *Ecoeconomia* – Construindo uma economia para a Terra. Salvador: Uma, 2003.

CAMARGO, A. et al. *Meio ambiente*. Rio de Janeiro: FGV, 2002.

CAPRA, F. *A teia da vida*. São Paulo: Cultrix, 1997.

_____. *O ponto de mutação*. São Paulo: Cultrix, 1980.

CARRIL, C. *Cultura e tecnologia sustentável*. São Paulo: Anhembi-Morumbi, 2007.

COLBORN, T. et al. *O futuro roubado*. Porto Alegre: L&PM, 1997.

CHAVES, C. *Práticas cotidianas em educação ambiental com ênfase no princípio biocêntrico*. Vila Velha: Opção, 2011.

DOWBOR, L. *Democracia econômica*. Petrópolis: Vozes, 2008.

DOWBOR, L. et al. *Riscos e oportunidades em tempos de mudança*. São Paulo: Instituto Paulo Freire, 2010.

FAJARDO, E. *Ecologia e cidadania*. Rio de Janeiro: Senac Nacional, 2003.

FERREIRA, L. & VIOLA, E. *Incertezas de sustentabilidade na globalização*. Campinas: Unicamp, 1996.

GADOTTI, M. *Pedagogia da Terra*. São Paulo: Peirópolis, 2000. GOLEMAN, D. *Inteligência ecológica*. Rio de Janeiro: Campus, 2009.

GLEISER, M. *Criação imperfeita*: cosmo, vida e o código oculto da natureza. Rio de Janeiro: Record, 2010.

GOSWAMI, A. *O universo autoconsciente*. Rio de Janeiro: Rosa dos Tempos, 1998.

HAWKEN, P. et al. *Capitalismo natural* – Criando a próxima revolução industrial. São Paulo: Cultrix, 1999.

HAWKING, S. *O universo numa casca de noz*. São Paulo: Mandarim, 2001.

HOUTART, F. *A agroenergia*: solução para o clima ou saída da crise para o capital? Petrópolis: Vozes, 2010.

JASCQUARD, A. *Le compte à rebours a-t-il commencé?* Paris: Stock, 2009.

KLIKSBERG, B. *Falácias e mitos do desenvolvimento social*. São Paulo: Cortez, 2001.

LASZLO, E. *Conexão cósmica*. Petrópolis: Vozes, 1999.

LAYRARGUES, P.P. "Do ecodesenvolvimento ao desenvolvimento sustentável: evolução de um conceito?" *Revista Proposta*, n. 71, 1997, p. 5-10. Salvador.

LIMA, G. "O discurso da sustentabilidade e suas implicações na educação". *Ambiente e Sociedade,* vol. 6, 2003, p. 99-119. Campinas.

LOURES, R.R. *Sustentabilidade XXI*: educar e inovar sob uma nova consciência. São Paulo: Gente, 2009.

LOVELOCK, J. *Gaia*: alerta final. Rio de Janeiro: Intrínseca, 2009.

_____. *A vingança de Gaia*. Rio de Janeiro: Intrínseca, 2006.

_____. *As eras de Gaia* – A biografia de nossa Terra viva. São Paulo: Campus, 1991.

_____. *Gaia* – Uma nova visão da vida na Terra. Lisboa: Ed. 70, 1989.

LÖWY, M. *Ecologia e socialismo*. São Paulo: Cortez, 2005.

LUTZENBERGER, J. *Gaia*: o planeta vivo. Porto Alegre: L&PM, 1990.

MACY, J. & BROWN, M. *Nossa vida como Gaia* – Práticas para reconectar nossas vidas e nosso mundo. São Paulo: Gaia, 2004.

MANSUR, L. & MILES, L. *Conversas com os mestres da sustentabilidade*. São Paulo: Gente, 2000.

MENEGAT, R. & ALMEIDA, G. *Desenvolvimento sustentável e gestão ambiental nas cidades*. Porto Alegre: UFRGS, 2004.

MIRANDA, E.E. *O íntimo e o infinito*. Petrópolis: Vozes, 2010.

MORAES, M.C. *Ecologia dos saberes*. Lisboa: Antakarana/Willis Harman House, 2008.

MORRIS, R. *O que sabemos sobre o universo*. Rio de Janeiro: Zahar, 2001.

NARANJO, C. *Mudar a educação para mudar o mundo*. São Paulo: Esfera, 2005.

NOVELLO, M. *Os jogos da natureza*: a origem do universo. São Paulo: Campus, 2004.

NOVO, M. *El desarrollo sostenible*: su dimensión ambiental y educativa. Madri: Unesco, 2006.

REES, M. *Hora final* – Alerta de um cientista sobre o desastre ambiental e o futuro da humanidade. São Paulo: Companhia das Letras, 2005.

REEVES, H. *A mais bela história do mundo*. Petrópolis: Vozes, 1998.

SARKAR, P.R. *Democracia econômica*: teoria da utilização progressiva. São Paulo: Ananda Marga, 1996.

SAWYER, D. "Economia verde e/ou desenvolvimento sustentável?" *Eco-21*, n. 177, 2011, p. 14-17.

SEN, A. *Desenvolvimento como liberdade*. São Paulo: Companhia das Letras, 2001.

SERRES, M. *O contrato natural*. Rio de Janeiro: Nova Fronteira, 1991.

SILVA, C. *Desenvolvimento sustentável*: um modelo analítico integrado e adaptativo. Petrópolis: Vozes, 2006.

SILVA, C. et al. *Reflexões sobre desenvolvimento sustentável*: agentes e interações sob a ótica multidisciplinar. Petrópolis: Vozes, 2005.

SWIMME, B. & BERY, T. *The Universe Story*. São Francisco: Harper, 1991.

TRIGUEIRO, A. *Meio ambiente no século 21*. Rio de Janeiro: Editores Associados, 2005.

TORRES, S. (org.). *Transdisciplinaridade e ecoformação*. São Paulo: Triom, 2005.

TOURAINE, A. *Após a crise*. Petrópolis: Vozes, 2011.

_____. *Um novo paradigma para compreender o mundo de hoje*. Petrópolis: Vozes, 2006.

ULTRAMARI, C. *A respeito do conceito de sustentabilidade*. Curitiba: Ipardes/IEL-PR, 2003, p. 2-22.

ZOHAR, D. *QS*: a inteligência espiritual. Rio de Janeiro: Record, 2000.

Índice

Sumário, 7

Prefácio, 9

1 Sustentabilidade: questão de vida ou morte, 13
   1 Desafios atuais para a construção da sustentabilidade, 13
   2 A insustentabilidade da atual ordem socioecológica, 18
      a) A insustentabilidade do sistema econômico-financeiro mundial, 18
      b) A insustentabilidade social da humanidade por causa da injustiça mundial, 20
      c) A crescente dizimação da biodiversidade: o Antropoceno, 22
      d) A insustentabilidade do Planeta Terra: a pegada ecológica, 24
      e) O aquecimento global e o risco do fim da espécie, 29
      f) Conclusão – Fiéis à Terra e amantes do Autor da Vida, 31

2 As origens do conceito de sustentabilidade, 33
   1 A pré-história do conceito de "sustentabilidade", 34
   2 A história recente do conceito de "sustentabilidade", 36

3 Modelos atuais de sustentabilidade e sua crítica, 41
   1 O modelo-padrão de desenvolvimento sustentável: sustentabilidade retórica, 43
   2 Melhorias no modelo-padrão de sustentabilidade, 51

3 O modelo do neocapitalismo: ausência de sustentabilidade, 55

4 O modelo do capitalismo natural: a sustentabilidade enganosa, 56

5 O modelo da economia verde: a sustentabilidade fraca, 57

6 O modelo do ecossocialismo: a sustentabilidade insuficiente, 61

7 O modelo do ecodesenvolvimento ou da bioeconomia: sustentabilidade possível, 62

8 O modelo da economia solidária: a microssustentabilidade viável, 65

9 O bem-viver dos povos andinos: a sustentabilidade desejada, 66

4 Causas da insustentabilidade da atual ordem ecológico-social, 71

1 Visão da Terra como coisa e baú de recursos, 71

2 O antropocentrismo ilusório, 73

3 O projeto da Modernidade: o progresso ilimitado impossível, 75

4 Visão compartimentada, mecanicista e patriarcal da realidade, 79

5 O individualismo e a dinâmica da competição, 80

6 Primazia do desperdício sobre o cuidado, do capital material sobre o capital humano, 81

5 Pressupostos cosmológicos e antropológicos para um conceito integrador de sustentabilidade, 83

1 O que é um paradigma novo e uma nova cosmologia, 84

2 Elementos da nova cosmologia: base da sustentabilidade, 87

a) O Vácuo Quântico: a Fonte Originária de Todo o Ser, 88

b) As quatro expressões da Energia de Fundo, 89

c) Complexidade/interiorização/interdependência, 91

d) A Terra como superorganismo vivo: Gaia, 93

e) Comunidade de vida *versus* meio ambiente, 95

f) O ser humano como a porção consciente da Terra, 97

g) Resgate da razão sensível e cordial, 97

h) A dimensão espiritual da Terra, do universo e do ser humano, 98

3 O cuidado essencial, componente da sustentabilidade, 100

4 A vulnerabilidade de toda sustentabilidade, 102

6 Rumo a uma definição integradora de sustentabilidade, 105

   1 A relevância da Era Ecozoica, 106

   2 A superpopulação humana, 107

   3 Estratégias para a seguridade alimentar da humanidade, 109

   4 A governança global do Sistema Terra e do Sistema Vida, 113

   5 Tentativa de uma definição integradora de sustentabilidade, 116

7 Sustentabilidade e universo, 121

8 Sustentabilidade e a Terra viva, 125

   1 As frentes da sustentabilidade para a Terra, 126

   2 A renovação do contrato natural Terra/humanidade, 132

9 Sustentabilidade e sociedade, 135

   1 Resgatar o sentido originário de sociedade, 135

   2 A democracia socioecológica: base da sustentabilidade, 136

   3 Como poderia ser uma sociedade sustentável, 138

10 Sustentabilidade e desenvolvimento, 141

   1 Pressupostos para a sustentabilidade, 141

   2 Como passar do capital material ao capital humano, 142

   3 A viabilidade ecológica de um desenvolvimento sustentável, 147

   4 Sustentabilidade e capital social-regional, 149

   5 Sustentabilidade e satisfação de necessidades fundamentais, 149

   6 Indicadores de um desenvolvimento sustentável, 151

   7 Como passar do capital humano ao capital espiritual, 154

11 "Cultivando Água Boa": exemplo de sustentabilidade, 157

1 O que é e o que pretende o Projeto Cultivando Água Boa, 158

2 Sensibilização das comunidades e a opção pelo biorregionalismo, 160

3 O monitoramento baseado na participação e no voluntariado, 163

4 A importância da medicina natural fitoterápica, 164

5 Uma produção orgânica sustentável e a aquicultura, 165

6 A aplicação de uma ecologia integral e sua irradiação no mundo, 166

7 A projeção de um sonho de uma nova Terra sustentável, 168

12 Sustentabilidade e educação, 171

1 Uma educação ecocentrada, 172

2 Princípios norteadores de uma ecoeducação sustentável, 175

13 Sustentabilidade e indivíduo, 179

1 A sustentabilidade do homem-corpo individual, 180

2 A sustentabilidade do homem-psiqué individual, 183

3 Sustentabilidade do homem-espírito individual, 185

Conclusão – Um chamado à cooperação e à esperança, 189

Anexo, 191

1 Carta da Terra, 191

2 Dicas de sustentabilidade ecológica, 203

Recomendação de leituras, 209

Livros de Leonardo Boff, 217

Livros de Leonardo Boff

1 – *O Evangelho do Cristo Cósmico.* Petrópolis: Vozes, 1971. • Reeditado pela Record (Rio de Janeiro), 2008.

2 – *Jesus Cristo libertador.* Petrópolis: Vozes, 1972.

3 – *Die Kirche als Sakrament im Horizont der Welterfahrung.* Paderborn: Verlag Bonifacius-Druckerei, 1972 [Esgotado].

4 – *A nossa ressurreição na morte.* Petrópolis: Vozes, 1972.

5 – *Vida para além da morte.* Petrópolis: Vozes, 1973.

6 – *O destino do homem e do mundo.* Petrópolis: Vozes, 1973.

7 – *Experimentar Deus.* Petrópolis: Vozes, 2012 [Publicado em 1974 pela Vozes com o título *Atualidade da experiência de Deus*].

8 – *Os sacramentos da vida e a vida dos sacramentos.* Petrópolis: Vozes, 1975.

9 – *A vida religiosa e a Igreja no processo de libertação.* 2. ed. Petrópolis: Vozes/CNBB, 1975 [Esgotado].

10 – *Graça e experiência humana.* Petrópolis: Vozes, 1976.

11 – *Teologia do cativeiro e da libertação.* Lisboa: Multinova, 1976. • Reeditado pela Vozes, 1998.

12 – *Natal*: a humanidade e a jovialidade de nosso Deus. Petrópolis: Vozes, 1976.

13 – *Eclesiogênese* – As comunidades reinventam a Igreja. Petrópolis: Vozes, 1977. • Reeditado pela Record (Rio de Janeiro), 2008.

14 – *Paixão de Cristo, paixão do mundo.* Petrópolis: Vozes, 1977.

15 – *A fé na periferia do mundo.* Petrópolis: Vozes, 1978 [Esgotado].

16 – *Via-sacra da justiça.* Petrópolis: Vozes, 1978 [Esgotado].

17 – *O rosto materno de Deus.* Petrópolis: Vozes, 1979.

18 – *O Pai-nosso* – A oração da libertação integral. Petrópolis: Vozes, 1979.

19 – *Da libertação* – O teológico das libertações sócio-históricas. Petrópolis: Vozes, 1979 [Esgotado].

20 – *O caminhar da Igreja com os oprimidos.* Rio de Janeiro: Codecri, 1980. • Reeditado pela Vozes (Petrópolis), 1988.

21 – *A Ave-Maria* – O feminino e o Espírito Santo. Petrópolis: Vozes, 1980.

22 – *Libertar para a comunhão e participação*. Rio de Janeiro: CRB, 1980 [Esgotado].

23 – *Igreja*: carisma e poder. Petrópolis: Vozes, 1981. • Reedição ampliada: Ática (Rio de Janeiro), 1994; Record (Rio de Janeiro) 2005.

24 – *Crise, oportunidade de crescimento*. Petrópolis: Vozes, 2011 [Publicado em 1981 pela Vozes com o título *Vida segundo o Espírito*].

25 – *São Francisco de Assis* – ternura e vigor. Petrópolis: Vozes, 1981.

26 – *Via-sacra para quem quer viver*. Petrópolis: Vozes, 1991 [Publicado em 1982 pela Vozes com o título *Via-sacra da ressurreição*].

27 – *O livro da Divina Consolação*. Petrópolis: Vozes, 2006 [Publicado em 1983 com o título de *Mestre Eckhart*: a mística do ser e do não ter].

28 – *Ética e ecoespiritualidade*. Petrópolis: Vozes, 2011 [Publicado em 1984 pela Vozes com o título *Do lugar do pobre*].

29 – *Teologia à escuta do povo*. Petrópolis: Vozes, 1984 [Esgotado].

30 – *A cruz nossa de cada dia*. Petrópolis: Vozes, 2012 [Publicado em 1984 pela Vozes com o título *Como pregar a cruz hoje numa sociedade de crucificados*].

31 – (com Clodovis Boff) *Teologia da Libertação no debate atual*. Petrópolis: Vozes, 1985 [Esgotado].

32 – *A Trindade e a sociedade*. Petrópolis: Vozes, 2014 [publicado em 1986 com o título *A Trindade, a sociedade e a libertação*].

33 – *E a Igreja se fez povo*. Petrópolis: Vozes, 1986 (esgotado). • Reeditado em 2011 com o título *Ética e ecoespiritualidade*, em conjunto com *Do lugar do pobre*.

34 – (com Clodovis Boff) *Como fazer Teologia da Libertação?* Petrópolis: Vozes, 1986.

35 – *Die befreiende Botschaft*. Friburgo: Herder, 1987.

36 – *A Santíssima Trindade é a melhor comunidade*. Petrópolis: Vozes, 1988.

37 – (com Nelson Porto) *Francisco de Assis* – homem do paraíso. Petrópolis: Vozes, 1989. • Reedição modificada em 1999.

38 – *Nova evangelização*: a perspectiva dos pobres. Petrópolis: Vozes, 1990 [Esgotado].

39 – *La misión del teólogo em la Iglesia*. Estella: Verbo Divino, 1991.

40 – *Seleção de textos espirituais*. Petrópolis: Vozes, 1991 [Esgotado].

41 – *Seleção de textos militantes*. Petrópolis: Vozes, 1991 [Esgotado].

42 – *Con La libertad del Evangelio*. Madri: Nueva Utopia, 1991.

43 – *América Latina*: da conquista à nova evangelização. São Paulo: Ática, 1992 [Esgotado].

44 – *Ecologia, mundialização e espiritualidade*. São Paulo: Ática, 1993. • Reeditado pela Record (Rio de Janeiro), 2008.

45 – (com Frei Betto) *Mística e espiritualidade*. Rio de Janeiro: Rocco, 1994. • Reedição revista e ampliada pela Vozes (Petrópolis), 2010.

46 – *Nova era*: a emergência da consciência planetária. São Paulo: Ática, 1994. • Reeditado pela Sextante (Rio de Janeiro) em 2003 com o título de *Civilização planetária*: desafios à sociedade e ao cristianismo [Esgotado].

47 – *Je m'explique*. Paris: Desclée de Brouwer, 1994.

48 – (com A. Neguyen Van Si) *Sorella Madre Terra*. Roma: Ed. Lavoro, 1994.

49 – *Ecologia* – Grito da terra, grito dos pobres. São Paulo: Ática, 1995. • Reeditado pela Record (Rio de Janeiro) em 2015.

50 – *Princípio Terra* – A volta à Terra como pátria comum. São Paulo: Ática, 1995 [Esgotado].

51 – (org.) *Igreja*: entre norte e sul. São Paulo: Ática, 1995 [Esgotado].

52 – (com José Ramos Regidor e Clodovis Boff) *A Teologia da Libertação*: balanços e perspectivas. São Paulo: Ática, 1996 [Esgotado].

53 – *Brasa sob cinzas*. Rio de Janeiro: Record, 1996.

54 – *A águia e a galinha*: uma metáfora da condição humana. Petrópolis: Vozes, 1997.

55 – *A águia e a galinha*: uma metáfora da condição humana. Edição comemorativa – 20 anos. Petrópolis: Vozes, 2017.

56 – (com Jean-Yves Leloup, Pierre Weil, Roberto Crema) *Espírito na saúde*. Petrópolis: Vozes, 1997.

57 – (com Jean-Yves Leloup, Roberto Crema) *Os terapeutas do deserto* – De Fílon de Alexandria e Francisco de Assis a Graf Dürckheim. Petrópolis: Vozes, 1997.

58 – *O despertar da águia*: o dia-bólico e o sim-bólico na construção da realidade. Petrópolis: Vozes, 1998.

59 – *O despertar da águia*: o dia-bólico e o sim-bólico na construção da realidade. Edição especial. Petrópolis: Vozes, 2017.

60 – *Das Prinzip Mitgefühl* – Texte für eine bessere Zukunft. Friburgo: Herder, 1999.

61 – *Saber cuidar* – Ética do humano, compaixão pela terra. Petrópolis: Vozes, 1999.

62 – *Ética da vida*. Brasília: Letraviva, 1999. • Reeditado pela Record (Rio de Janeiro), 2009.

63 – *Coríntios* – Introdução. Rio de Janeiro: Objetiva, 1999 (Esgotado).

64 – *A oração de São Francisco*: uma mensagem de paz para o mundo atual. Rio de Janeiro: Sextante, 1999. • Reeditado pela Vozes (Petrópolis), 2014.

65 – *Depois de 500 anos*: que Brasil queremos? Petrópolis: Vozes, 2000 [Esgotado].

66 – *Voz do arco-íris*. Brasília: Letraviva, 2000. • Reeditado pela Sextante (Rio de Janeiro), 2004 [Esgotado].

67 – (com Marcos Arruda) Globalização: desafios socioeconômicos, éticos e educativos. Petrópolis: Vozes, 2000.

68 – *Tempo de transcendência* – O ser humano como um projeto infinito. Rio de Janeiro: Sextante, 2000. • Reeditado pela Vozes (Petrópolis), 2009.

69 – (com Werner Müller) *Princípio de compaixão e cuidado*. Petrópolis: Vozes, 2000.

70 – *Ethos mundial* – Um consenso mínimo entre os humanos. Brasília: Letraviva, 2000. • Reeditado pela Record (Rio de Janeiro) em 2009.

71 – *Espiritualidade* – Um caminho de transformação. Rio de Janeiro: Sextante, 2001. • Reeditado pela Mar de Ideias (Rio de Janeiro) em 2016.

72 – *O casamento entre o céu e a terra* – Contos dos povos indígenas do Brasil. São Paulo: Salamandra, 2001. • Reeditado pela Mar de Ideias (Rio de Janeiro) em 2014.

73 – *Fundamentalismo*. Rio de Janeiro: Sextante, 2002. • Reedição ampliada e modificada pela Vozes (Petrópolis) em 2009 com o título *Fundamentalismo, terrorismo, religião e paz*.

74 – (com Rose Marie Muraro) *Feminino e masculino*: uma nova consciência para o encontro das diferenças. Rio de Janeiro: Sextante, 2002. • Reeditado pela Record (Rio de Janeiro), 2010.

75 – *Do iceberg à arca de Noé*: o nascimento de uma ética planetária. Rio de Janeiro: Garamond, 2002. • Reeditado pela Mar de Ideias (Rio de Janeiro), 2010.

76 – *Crise*: oportunidade de crescimento. Campinas: Verus, 2002. • Reeditado pela Vozes (Petrópolis) em 2011.

77 – (com Marco Antônio Miranda) *Terra América*: imagens. Rio de Janeiro: Sextante, 2003 [Esgotado].

78 – *Ética e moral*: a busca dos fundamentos. Petrópolis: Vozes, 2003.

79 – *O Senhor é meu Pastor*: consolo divino para o desamparo humano. Rio de Janeiro: Sextante, 2004. • Reeditado pela Vozes (Petrópolis), 2013.

80 – *Responder florindo*. Rio de Janeiro: Garamond, 2004 [Esgotado].

81 – *Novas formas da Igreja*: o futuro de um povo a caminho. Campinas: Verus, 2004 [Esgotado].

82 – *São José*: a personificação do Pai. Campinas: Verus, 2005. • Reeditado pela Vozes (Petrópolis), 2012.

83 – *Un Papa difficile da amare*: scritti e interviste. Roma: Datanews Ed., 2005.

84 – *Virtudes para um outro mundo possível* – Vol. I: Hospitalidade: direito e dever de todos. Petrópolis: Vozes, 2005.

85 – *Virtudes para um outro mundo possível* – Vol. II: Convivência, respeito e tolerância. Petrópolis: Vozes, 2006.

86 – *Virtudes para um outro mundo possível* – Vol. III: Comer e beber juntos e viver em paz. Petrópolis: Vozes, 2006.

87 – *A força da ternura* – Pensamentos para um mundo igualitário, solidário, pleno e amoroso. Rio de Janeiro: Sextante, 2006. • Reeditado pela Mar de Ideias (Rio de Janeiro) em 2012.

88 – *Ovo da esperança*: o sentido da Festa da Páscoa. Rio de Janeiro: Mar de Ideias, 2007.

89 – (com Lúcia Ribeiro) *Masculino, feminino*: experiências vividas. Rio de Janeiro: Record, 2007.

90 – *Sol da esperança* – Natal: histórias, poesias e símbolos. Rio de Janeiro: Mar de Ideias, 2007.

91 – *Homem*: satã ou anjo bom. Rio de Janeiro: Record, 2008.

92 – (com José Roberto Scolforo) *Mundo eucalipto*. Rio de Janeiro: Mar de Ideias, 2008.

93 – *Opção Terra*. Rio de Janeiro: Record, 2009.

94 – *Meditação da luz*. Petrópolis: Vozes, 2010.

95 – *Cuidar da Terra, proteger a vida*. Rio de Janeiro: Record, 2010.

96 – *Cristianismo*: o mínimo do mínimo. Petrópolis: Vozes, 2011.

97 – *El planeta Tierra*: crisis, falsas soluciones, alternativas. Madri: Nueva Utopia, 2011.

98 – (com Marie Hathaway) *O Tao da Libertação* – Explorando a ecologia da transformação. 2. ed. Petrópolis: Vozes, 2012.

99 – *Sustentabilidade*: O que é – O que não é. Petrópolis: Vozes, 2012.

100 – *Jesus Cristo Libertador*: ensaio de cristologia crítica para o nosso tempo. Petrópolis: Vozes, 2012 [Selo Vozes de Bolso].

101 – *O cuidado necessário*: na vida, na saúde, na educação, na ecologia, na ética e na espiritualidade. Petrópolis: Vozes, 2012.

102 – *As quatro ecologias: ambiental, política e social, mental e integral*. Rio de Janeiro: Mar de Ideias, 2012.

103 – *Francisco de Assis* – Francisco de Roma: a irrupção da primavera? Rio de Janeiro: Mar de Ideias, 2013.

104 – *O Espírito Santo* – Fogo interior, doador de vida e Pai dos pobres. Petrópolis: Vozes, 2013.

105 – (com Jürgen Moltmann) *Há esperança para a criação ameaçada?* Petrópolis: Vozes, 2014.

106 – *A grande transformação*: na economia, na política, na ecologia e na educação. Petrópolis: Vozes, 2014.

107 – *Direitos do coração* – Como reverdecer o deserto. São Paulo: Paulus, 2015.

108 – *Ecologia, ciência, espiritualidade* – A transição do velho para o novo. Rio de Janeiro: Mar de Ideias, 2015.

109 – *A Terra na palma da mão* – Uma nova visão do planeta e da humanidade. Petrópolis: Vozes, 2016.

110 – (com Luigi Zoja) *Memórias inquietas e persistentes de L. Boff*. São Paulo: Ideias & Letras, 2016.

111 – (com Frei Betto e Mario Sergio Cortella) *Felicidade foi-se embora?* Petrópolis: Vozes Nobilis, 2016.

112 – *Ética e espiritualidade* – Como cuidar da Casa Comum. Petrópolis: Vozes, 2017.

113 – *De onde vem?* – Uma nova visão do universo, da Terra, da vida, do ser humano, do espírito e de Deus. Rio de Janeiro: Mar de Ideias, 2017.

114 – *A casa, a espiritualidade, o amor*. São Paulo: Paulinas, 2017.

115 – (com Anselm Grün) *O divino em nós*. Petrópolis: Vozes Nobilis, 2017.

116 – *O livro dos elogios*: o significado do insignificante. São Paulo: Paulus, 2017.

117 – *Brasil* – Concluir a refundação ou prolongar a dependência? Petrópolis: Vozes, 2018.

118 – *Reflexões de um velho teólogo e pensador*. Petrópolis: Vozes, 2018.

119 – *A saudade de Deus* – A força dos pequenos. Petrópolis: Vozes, 2020.

120 – *Covid-19 – A Mãe Terra contra-ataca a Humanidade*: Advertências da pandemia. Petrópolis: Vozes, 2020.

121 – *O doloroso parto da Mãe Terra* – Uma sociedade de fraternidade sem fronteiras e de amizade social. Petrópolis: Vozes, 2021.

122 – *Habitar a Terra* – Qual o caminho para a fraternidade universal? Petrópolis: Vozes, 2021.

123 – *O pescador ambicioso e o peixe encantado* – A busca pela justa medida. Petrópolis: Vozes, 2022.

124 – *Igreja: carisma e poder* – Ensaios de eclesiologia militante. Petrópolis: Vozes, 2022.

125 – *A amorosidade do Deus-Abbá e Jesus de Nazaré*. Petrópolis: Vozes, 2023.

126 – *A busca pela justa medida* – Como equilibrar o planeta Terra. Petrópolis: Vozes, 2023.

127 – *Cuidar da casa comun* – Pistas para protelar o fim do mundo. Petrópolis: Vozes, 2024.

Conecte-se conosco:

 facebook.com/editoravozes

 @editoravozes

 @editora_vozes

 youtube.com/editoravozes

 +55 24 2233-9033

www.vozes.com.br

Conheça nossas lojas:

www.livrariavozes.com.br

Belo Horizonte – Brasília – Campinas – Cuiabá – Curitiba
Fortaleza – Juiz de Fora – Petrópolis – Recife – São Paulo

  Vozes de Bolso

EDITORA VOZES LTDA.
Rua Frei Luís, 100 – Centro – Cep 25689-900 – Petrópolis, RJ
Tel.: (24) 2233-9000 – E-mail: vendas@vozes.com.br